Alejandra Medina

Financiamento climático no Equador

Alejandra Medina

Financiamento climático no Equador

no âmbito da Convenção-Quadro das Nações Unidas

ScienciaScripts

Imprint
Any brand names and product names mentioned in this book are subject to trademark, brand or patent protection and are trademarks or registered trademarks of their respective holders. The use of brand names, product names, common names, trade names, product descriptions etc. even without a particular marking in this work is in no way to be construed to mean that such names may be regarded as unrestricted in respect of trademark and brand protection legislation and could thus be used by anyone.

Cover image: www.ingimage.com

This book is a translation from the original published under ISBN 978-620-2-14273-1.

Publisher:
Sciencia Scripts
is a trademark of
Dodo Books Indian Ocean Ltd. and OmniScriptum S.R.L publishing group

120 High Road, East Finchley, London, N2 9ED, United Kingdom
Str. Armeneasca 28/1, office 1, Chisinau MD-2012, Republic of Moldova, Europe
Managing Directors: Ieva Konstantinova, Victoria Ursu
info@omniscriptum.com

Printed at: see last page
ISBN: 978-620-8-40057-6

FINANCIAMENTO DO CLIMA NO ÂMBITO DA CONVENÇÃO-QUADRO DA ONU NO EQUADOR

Resumo

As alterações climáticas são um problema global que exige uma resposta urgente a nível mundial. Não respeitam fronteiras e põem em evidência problemas sociais, económicos, culturais e políticos. Aumentam também as desigualdades, os conflitos e a instabilidade entre países. O financiamento climático é a pedra angular para a materialização de acordos, compromissos e o cumprimento dos objectivos climáticos. Esta pesquisa analisa o financiamento climático para REDD+ Equador no âmbito da UNFCCC, direcionado ao PROAmazon. Para avaliar o impacto do financiamento climático, foi realizada uma análise de investimento climático para determinar a eficácia, eficiência e equidade (3E+) das atividades realizadas com esses fundos, através das variáveis: taxa de desmatamento, participação *das partes interessadas* e posse da terra. Após a conclusão das atividades do PROAmazônia no período 2017-2023, os resultados mostram um aumento na taxa de desmatamento, que é considerada uma das mais altas da América Latina, causada por atividades extrativistas. A participação dos povos e comunidades indígenas como gestores da conservação e proteção da floresta tem sido subestimada. A segurança da posse da terra tem sido um processo lento e está ameaçada pela expansão da indústria extractiva. A investigação conclui que os resultados da aplicação do financiamento da luta contra as alterações climáticas não alcançaram os resultados esperados, foram ineficazes, ineficientes e injustos.

Palavras-chave: alterações climáticas, desflorestação, eficácia, eficiência, equidade

Índice

INTRODUÇÃO

Os efeitos devastadores das alterações climáticas são evidentes no aumento da temperatura média da atmosfera e dos oceanos, nas alterações do ciclo global da água, na ocorrência cada vez mais frequente de fenómenos meteorológicos extremos, na redução do volume de neve e de gelo nos glaciares e nos picos das montanhas, na subida do nível do mar, entre outros. A Convenção-Quadro das Nações Unidas sobre Alterações Climáticas (CQNUAC) distingue entre alterações climáticas atribuíveis a actividades humanas que alteram a composição atmosférica e causas naturais que conduzem à variabilidade climática (IPCC 2014), sendo que ambas conduzem à "variabilidade", uma natural e outra antropogénica. É muito provável que a atividade humana seja a causa dominante do aquecimento global.

[3]As concentrações de gases com efeito de estufa (GEE) estão a aumentar rapidamente, atingindo concentrações recorde. Por exemplo, o dióxido de carbono (CO_2) excedeu 400 partes por milhão (ppm) em comparação com 280 ppm na era pré-industrial (Berruezo e Díaz 2017). O aumento dos GEE deve-se a factores sociais, económicos e tecnológicos, como o crescimento da população, o aumento da procura per capita de energia e recursos e a utilização de tecnologias inadequadas, entre outros. Estima-se que, até 2030, serão necessários

[3] Os gases com efeito de estufa (GEE) são gases que retêm o calor na atmosfera e o seu efeito nas alterações climáticas depende da quantidade de gases, do tempo que permanecem na atmosfera e da forma como afectam a temperatura global (Romano, et al. 2018). O CO_2 é o principal GEE emitido por actividades antropogénicas e constitui cerca de 65% das emissões globais de GEE (IPCC 2014) e três quartos das emissões antropogénicas de GEE provêm de países industrializados (IEA 2016).

mais 50 % de alimentos, 45 % de energia e 30 % de água (Molina, Carabias e Sarukhán 2017).

O planeta tem uma grande diversidade de ecossistemas terrestres e marinhos que são o resultado de milhares de anos de interação e evolução de factores climáticos e bióticos e desempenham um papel importante na regulação do clima. Os ecossistemas podem ser afectados por causas naturais, como furacões, erupções vulcânicas e, sobretudo, por causas antropogénicas, como a desflorestação, os incêndios, a agricultura intensiva, a indústria, as infra-estruturas, os transportes, as actividades extractivas, entre outras (Berruezo e Díaz 2017).

Cerca de 300 milhões de pessoas vivem nas florestas do mundo, 1,6 mil milhões dependem diretamente destes ecossistemas, esta estimativa sugere que cerca de um terço está intimamente relacionado e dependente das florestas e dos produtos florestais e 7,8 mil milhões de pessoas precisam delas para viver, ou seja, toda a humanidade. Entre 17% e 20% das emissões anuais globais de CO_2 provêm da desflorestação e da degradação florestal (FAO 2020).

Os ecossistemas florestais contribuem para o combate às alterações climáticas, absorvendo carbono através do processo de fotossíntese, que é armazenado no tronco, nos ramos, nas raízes e no solo. As florestas boreais do extremo norte e as florestas tropicais húmidas albergam uma enorme biodiversidade, com mais de 60 000 espécies de árvores diferentes que proporcionam habitats para 80% das espécies de anfíbios, 75% das espécies de aves, 68% dos mamíferos e 60% das plantas vasculares (FAO 2020). A conservação de uma grande percentagem da biodiversidade depende do cuidado e da boa utilização das florestas. Com esta premissa, é necessária uma abordagem global para a proteção e conservação das florestas entre os governos das diferentes nações do mundo, as organizações internacionais e a sociedade civil.

As alterações do uso do solo, a desflorestação e a degradação florestal são um problema mundial e constituem fontes importantes de emissões de carbono. As alterações do coberto vegetal nos ecossistemas florestais conduziram a aumentos de temperatura de 0,23°C no período 2000-2015. Uma área sem cobertura vegetal absorve mais radiação e aumenta a temperatura, pelo que existe uma ligação estreita entre a desflorestação e o aquecimento global. A este aumento junta-se o aquecimento provocado pelo CO_2, que tem um duplo impacto: por um lado, a nível local, na área desflorestada e nas suas repercussões nos ecossistemas, e por outro, a nível global, acrescentando mais calor às alterações climáticas (Duveiller, Hooker e Cescatti 2018).

Em altitudes mais elevadas, como nas regiões boreais, a perda de árvores provoca rapidamente o aumento do albedo da superfície. Já nas zonas tropicais com espécies arbóreas permanentes e de folha larga, a desflorestação pela agricultura e/ou pecuária aumenta o albedo da superfície, mas elimina a regulação térmica proporcionada pelas florestas. A substituição das florestas tropicais permanentes e de folha larga por outra vegetação provoca um aumento da temperatura; a mudança para outro tipo de cobertura vegetal não é compensada pela plantação de árvores numa área equivalente noutras latitudes. Por conseguinte, se qualquer processo de desflorestação for negativo, as florestas tropicais exigem mais atenção e esforço para as conservar (Duveiller, Hooker e Cescatti 2018).

Por este motivo, a CQNUAC criou o mecanismo de Redução de Emissões por Desflorestação e Degradação Florestal, que inclui a conservação, a gestão sustentável e o aumento das reservas de carbono florestal (REDD+). O mecanismo visa abrandar, travar e inverter a perda de florestas, assegurar a conservação da biodiversidade e o bem-estar das comunidades que vivem nas florestas (PNUA 2018b).

A necessidade de encontrar uma solução para a desflorestação e a degradação florestal suscitou um debate internacional sobre o financiamento da luta contra as alterações climáticas, embora até à data não se tenha chegado a uma definição acordada nem a um consenso sobre a questão. Os recursos financeiros não são apenas necessários para contribuir para o desenvolvimento sustentável nos países em desenvolvimento, mas também para a adaptação aos efeitos adversos e a redução dos impactos climáticos. Neste contexto, o financiamento para a América Latina no período 2003-2020 concentrou-se principalmente em dois países: o Brasil (1 179 milhões de dólares) e o México (555 milhões de dólares), que, no seu conjunto, receberam 35% do total de 5 mil milhões de dólares de financiamento climático para a região. As actividades de atenuação, como a proteção das florestas e a reflorestação, foram as que receberam mais financiamento em comparação com as actividades de adaptação, com 3,4 mil milhões de dólares e 670 milhões de dólares, respetivamente. [4]Em 2020, o Fundo Verde para o Clima (GCF) foi o maior fornecedor de financiamento climático para a região, com 1,906 mil milhões de USD (Watson, Schalatek e Evéquoz, 2022) e atribuiu 458 milhões de USD para o Pagamento por Resultados (PPR) do REDD+ (Watson e Schalatek 2021). Os PPR são fundos financeiros que o REDD+ destina aos resultados das actividades climáticas e estão sujeitos à medição, comunicação e verificação dos GEE a nível nacional (UNEP 2018b). [5]O Equador é um país de baixo rendimento per capita, marcado por uma elevada desigualdade de rendimentos estimada em 49,3% (Banco Mundial 2021a), eufemisticamente designado como em desenvolvimento, vulnerável aos efeitos adversos das alterações climáticas. Dispõe de um quadro regulamentar que contempla respostas de mitigação e adaptação a nível nacional através da Estratégia Nacional para as Alterações Climáticas 2012-2015 (ENCC), que é um instrumento de política pública que orienta as acções a nível nacional e setorial, o Código Orgânico do Ambiente (COA) e o seu Regulamento (RCOA) que abordam as alterações climáticas e o seu financiamento.

O Equador está empenhado em promover sistemas de produção sustentáveis e em incentivar a recuperação de áreas desflorestadas e degradadas, a fim de conservar as florestas através do acesso a financiamento internacional e com a participação de vários

---

[4] Os pagamentos por resultados são acções REDD+ baseadas em resultados e estão sujeitos a medição, comunicação e verificação de GEE a nível nacional (UNEP 2018b).

[5] A curva de Lorenz e o coeficiente de Gini são instrumentos utilizados no domínio da economia para medir a desigualdade de rendimentos numa população ou numa sociedade (González 2020).

intervenientes dos sectores público e privado, das nacionalidades indígenas e das organizações não governamentais (ONG). [6]Atualmente, a principal entidade que gere o financiamento das alterações climáticas é o Ministério do Ambiente, da Água e da Transição Ecológica (MAATE), enquanto beneficiário dos recursos financeiros e executor da maioria dos projectos.

O país estabeleceu como prioridade a redução das taxas de desflorestação através de uma série de políticas nacionais. Em 2008, o MAATE lançou o Programa Socio Bosque (PSB) como um programa para a conservação de florestas nativas e charnecas que promove a redução de GEE nas florestas do país.

em troca de um incentivo financeiro. O PSB favoreceu o Equador como um dos países latino-americanos a receber PPR através de REDD+ (Nepstad, et al. 2019).

Neste contexto, a avaliação do financiamento climático através do REDD+ requer a análise dos recursos económicos recebidos até 2023, que ascendem a 145,8 milhões de dólares e que foram destinados à

[6] Em março de 2020, através do Decreto Executivo n.º 1007, o ex-Presidente Lenín Moreno ordenou a fusão do Ministério do Ambiente (MAE) e da Secretaria da Água (Senagua), criando o Ministério do Ambiente e da Água (MAAE) e, em junho de 2021, através do Decreto Executivo n.º 59, o ex-Presidente Guillermo Lasso renomeou esta pasta do Estado como Ministério do Ambiente, da Água e da Transição Ecológica (MAATE).

redução da desflorestação e degradação florestal. [7][8][9]Estes recursos provêm de fundos do GCF, do Fundo Mundial para o Ambiente (GEF,) e do cofinanciamento reportado entre o MAATE, o Ministério da Agricultura e Pecuária (MAG) , o Programa das Nações Unidas para o Desenvolvimento (PNUD) e a Organização das Nações Unidas para a Alimentação e a Agricultura (FAO).

O objetivo da pesquisa não é uma avaliação das mudanças nas emissões de carbono, mas uma análise da eficácia, eficiência e equidade (3E+) dos fundos financeiros de REDD+ direcionados ao Programa Integrado de Conservação Florestal e Produção Sustentável da Amazônia (PROAmazônia) através das variáveis: taxa de desmatamento, participação *das partes interessadas*[1] e posse da terra.

---

[7] "O cofinanciamento é uma prática em que várias entidades financiam o mesmo projeto. O cofinanciamento pode ser fornecido pelo promotor do projeto ou por entidades externas. Um esquema de cofinanciamento sólido (em espécie ou em dinheiro) é prova de um amplo interesse no projeto por parte de uma variedade de partes interessadas relevantes e é, portanto, uma caraterística importante da conceção do projeto" (ICLEI 2020). É também definido como um "empréstimo concedido aos países em desenvolvimento por bancos comerciais e outras instituições de crédito, em associação com o Banco Mundial e outros bancos multilaterais de desenvolvimento" (CEPAL 1989).

[8] Em março de 2017, através do Decreto Executivo n.º 207, o antigo Presidente Lenín Moreno alterou o nome do Ministério da Agricultura, Pecuária, Aquicultura e Pescas (MAGAP) para Ministério da Agricultura e Pecuária (MAG).

[9] O termo é utilizado em inglês porque não existe uma tradução satisfatória em espanhol.

QUADRO CONCEPTUAL

As emissões de gases com efeito de estufa provenientes da desflorestação e da degradação florestal são responsáveis por cerca de 20 % do total anual das emissões globais de CO_2 (FAO 2020), razão pela qual as florestas têm estado no centro das atenções dos debates internacionais sobre o clima nos últimos anos. Como iniciativa de colaboração da Organização das Nações Unidas (ONU), foi criado o mecanismo de Redução das Emissões resultantes da Desflorestação e da Degradação Florestal (REDD) para incentivar os países em desenvolvimento a proteger, gerir e utilizar melhor os recursos florestais na luta contra as alterações climáticas. A ideia principal era conservar as florestas em pé pela sua capacidade de sequestro de carbono, atribuindo-lhes um valor financeiro e evitando assim o abate de árvores. Esta ação permitiu quantificar o carbono, a fase final do REDD, que incluía o pagamento de uma compensação pelas florestas em pé pelos países desenvolvidos aos países em desenvolvimento (Rudel, et al. 2005). Por outras palavras, as reduções de carbono são quantificadas e as compensações são pagas pelos países desenvolvidos aos países em desenvolvimento.

[10]No âmbito deste regime, as discussões sobre o REDD centraram-se na criação de um mecanismo de pagamentos por serviços ambientais (PES) para os países em desenvolvimento, a nível nacional e

[10] Os pagamentos por serviços ambientais têm certas vantagens, como a criação de incentivos para que os proprietários e utilizadores das florestas as gerem melhor e cortem menos árvores. Os mecanismos de PSE compensam os detentores de direitos de sumidouros de carbono (florestas) empenhados na conservação das florestas como uma alternativa lucrativa (Angelsen, Kanninen, et al. 2010).

internacional. A nível internacional, os compradores de serviços efectuam um pagamento (mercado voluntário) aos prestadores de serviços (governos, entidades nacionais) pela emissões de GEE em consequência da redução e prevenção da desflorestação e da degradação florestal. A nível nacional, os governos ou outros actores (compradores de serviços) pagam aos governos subnacionais ou aos proprietários de terras locais pelas reduções de GEE (Angelsen e Wertz-Kanounnikoff 2009).

Embora tenham sido implementadas várias formas de PSA, tem havido dificuldades na sua aplicação e tem sido necessário criar estruturas institucionais e de governação florestal para gerir os pagamentos e a informação com o objetivo de ligar os sistemas locais de PSA aos sistemas REDD globais e nacionais. Um dos desafios do REDD tem sido garantir que os pagamentos efectuados através dos vários sistemas sejam eficazes, eficientes e equitativos (Angelsen e Wertz-Kanounnikoff 2009).

Por razões políticas e técnicas, o conceito de REDD foi alargado para REDD+. O mecanismo REDD+ nasceu como uma ferramenta inovadora, barata, fácil e rápida de implementar, com uma visão mais ampla, não apenas para reduzir as emissões de GEE, mas também para gerar um maior fluxo financeiro para reduzir a pobreza e conservar a biodiversidade. Este postulado tem sido alvo de muita controvérsia, inicialmente em torno da arquitetura global do REDD+ e da forma de o incluir num acordo climático pós-2012, e mais tarde o debate centrou-se nas acções nacionais e locais.

1. Critérios 3E+

De acordo com o Relatório Stern (2006) sobre a Economia das Alterações Climáticas, a redução das emissões de gases com efeito de estufa através da redução da desflorestação custaria, em média, entre um e dois dólares por tonelada de CO_2, uma estimativa aparentemente barata quando comparada com outras opções de atenuação. O relatório Stern introduziu pela primeira vez os conceitos de eficácia, eficiência e equidade, conhecidos como os critérios 3E. Esta abordagem alargou a perspetiva para um mecanismo que gere incentivos suficientes para travar a desflorestação e, consequentemente, reduzir as emissões globais de gases com efeito de estufa.

O objetivo do relatório era conceber políticas e projectos viáveis para alcançar resultados de eficácia climática, eficiência de custos e equidade (3E), com a adição do símbolo "+" aos três critérios, referindo-se aos co-benefícios da biodiversidade: redução da pobreza, geração de meios de subsistência sustentáveis, governação, direitos e participação da comunidade, posse e melhoria dos serviços ecossistémicos sem carbono. Estes critérios, conhecidos como 3E+ (Angelsen, Brockhaus, et al. 2013), ajudam a avaliar os esquemas de redução de GEE ao menor custo possível e contribuem para o desenvolvimento sustentável, uma vez que um projeto REDD+ deve idealmente cumprir os 3E+ (Angelsen e Agrawal 2009).

Neste contexto, a conceção e a aplicação eficazes do REDD+ requerem um conjunto de políticas que incluam reformas institucionais no domínio da governação florestal, da propriedade, da descentralização e da gestão comunitária das florestas. Apesar dos esforços envidados, ainda não foi possível travar a progressão da desflorestação porque os principais motores da desflorestação e os problemas de evolução da terra não são abordados considerando o sector florestal isoladamente. A formulação de políticas deve ter por objetivo reduzir a renda agrícola nas zonas florestais, aumentar o valor das florestas em pé e ajudar os utilizadores das florestas a captar esse valor, regular diretamente o uso e a posse da terra; estas políticas devem trabalhar em conjunto para alcançar os resultados do REDD+ em termos dos 3E+ (Sunderlin, Larson e Cronkleton 2010).

1.1 Eficácia

A eficácia refere-se à quantidade de emissões de GEE reduzidas como resultado das actividades do mecanismo REDD+. Depende de vários factores, como a viabilidade política, a governação e o empenho dos países em implementar o mecanismo. Depende também de outras considerações, como o controlo ou a prevenção de fugas, a corrupção, a permanência, a responsabilização e a extensão dos principais factores de desflorestação e degradação (Angelsen, Kanninen, et al. 2010).

Concentra-se na capacidade de atingir os objectivos planeados, independentemente dos recursos atribuídos, e ajuda a analisar a sustentabilidade das acções e efeitos do mecanismo, incluindo os das áreas vizinhas (Nepstad, et al. 2019). O REDD+ como mecanismo de PPR é considerado eficaz quando há apoio financeiro, apesar do ceticismo, das contradições e da condicionalidade da ajuda (Paul 2015,

Angelsen 2017a). [11]Isso exige que os países relatem seu desempenho de redução de emissões de GEE por meio do Sistema de Monitoramento, Relatório e Verificação (MRV), informações quantificáveis e verificáveis para evitar vazamento de dados. O sucesso do REDD+ depende de uma estrutura institucional forte através de leis, políticas e estratégias sobre o ambiente, as alterações climáticas e o desenvolvimento sustentável (Kambire et al. 2016).

As negociações ambientais do REDD+ têm-se centrado na redução da desflorestação das florestas tropicais, o que poderia ser mais eficaz.

[12]se houvesse uma gestão florestal de base comunitária "para abordar as emissões resultantes da degradação florestal do que da desflorestação, e que a eficácia da gestão florestal de base comunitária pudesse ser maximizada nas florestas tropicais secas" (Matta e Meins 2012).

1.2 Eficiência

A eficiência concentra-se na redução das emissões de GEE ao menor custo e tempo possíveis. São considerados vários custos no âmbito do REDD+: custos de desenvolvimento de capacidades (conceção do regime, infra-estruturas técnicas, formação); custos operacionais (monitorização, aplicação da política florestal e posse da terra); custos

[11] O Sistema de Monitorização, Comunicação e Verificação permite, uma vez estabelecida a linha de base com os Níveis de Referência, monitorizar as emissões de GEE e estabelecer a contabilidade do carbono reduzido através da implementação do REDD+ (UNEP 2018b).

[12] "A gestão sustentável das florestas envolve, entre outras coisas, o registo da flora e da fauna, a monitorização de áreas florestais ecologicamente importantes, a redução do impacto da exploração madeireira, a criação de parcerias público-privadas e a distribuição equitativa dos benefícios entre as partes interessadas" (Matta e Meins 2012).

de implementação suportados pelos proprietários, gestores florestais e utilizadores da floresta. "Todos estes, exceto a compensação e a renda, são custos de transação" (Angelsen, Kanninen, et al. 2010).

Por outro lado, a governação ambiental e o desempenho das políticas nacionais em matéria de desflorestação e degradação florestal são relevantes. Para maximizar o seu potencial económico, os países desenvolvem políticas de promoção de sectores estratégicos como a agricultura, a exploração mineira, a energia e, sobretudo, os bens exportáveis, e aplicam as suas próprias orientações que promovem o desenvolvimento socioeconómico sem ter em conta a proteção do ambiente e os efeitos negativos da desflorestação e da degradação florestal. Entretanto, as políticas nacionais que promovem o desenvolvimento sustentável e a proteção do ambiente não são eficazes sem um quadro institucional e a boa vontade de todos os sectores e intervenientes. O quadro e o sistema de governação são dois parâmetros que determinam vantagens ou limitações na implementação dos critérios 3E+ (Kambire et al. 2016).

[13]Neste contexto, é oportuno considerar as dimensões políticas e socioeconómicas do desempenho de REDD+, desde o nível global até ao nível local, tais como PPR, SMRV, co-benefícios e participação comunitária. Embora o desempenho de REDD+ inclua o resultado, é uma dimensão que transcende resultados e pagamentos (Ramos et al. 2007). A falta de desempenho do mecanismo pode ser devida a falhas

[13] O desempenho do REDD+ é o ato ou processo de desempenhar uma função e é avaliado no âmbito de uma política pública, projeto ou programa quando os objectivos declarados são alcançados (Ramos et al.2007).

na própria essência do instrumento que não considerou o ambiente em que o REDD+ deveria operar, onde atores poderosos obstruíram a visão inicial a fim de manter o status quo. Do mesmo modo, a evolução do PSE para os esforços de conservação tem sido ineficiente devido a falhas na conceção concetual e nos instrumentos baseados no mercado (Angelsen, Duchelle, et al. 2017). À medida que as mudanças climáticas se tornam mais prementes, os mercados de carbono funcionam melhor e os problemas com a eficácia e eficiência do REDD+ como mecanismo de governança florestal e processo político são resolvidos, ele poderia funcionar (Angelsen, Martius, et al. 2019); a abordagem do PPR não garante que o REDD+ será um mecanismo eficaz, eficiente ou equitativo, requer a ligação dos PPRs aos contextos em que esses resultados são definidos e acordados em condições de aceitação social e política (Wong, Luttrell, et al. 2019).

1.3 Património

A equidade nas propostas REDD+ inclui objectivos que não estão ligados às alterações climáticas, mas que têm uma conotação com dimensões sociais e ambientais, como a partilha de benefícios, os meios de subsistência, a redução da pobreza, a posse da terra, a proteção dos direitos e a participação dos povos indígenas e das comunidades, a incorporação de uma perspetiva de género mais justa, a biodiversidade, entre outros (Angelsen, Kanninen, et al. 2010).

Esse critério pode ser abordado a partir de diferentes dimensões: no nível global, está relacionado à distribuição justa entre os países de acordo com o nível de pobreza e a capacidade dos países pobres de participarem dos processos de REDD+; no nível nacional, à distribuição justa dentro dos mesmos países, por exemplo, a distribuição de custos e benefícios nos governos locais e no governo nacional; e no nível subnacional, nos povos e comunidades indígenas, no reconhecimento de suas práticas e direitos tradicionais e nos processos de inclusão na tomada de decisões de REDD+. Portanto, a participação dos povos e comunidades indígenas, de diversos grupos sociais e da sociedade civil é considerada importante para a fase de preparação e implementação, legitimidade e conceção do mecanismo de REDD+ (Chhatre et al. 2012).

Quando os processos nacionais abordam questões de equidade local, é suposto serem processos orientados e conduzidos pelo país, de acordo com a realidade de cada país; no entanto, a presença de Organizações Internacionais (OI), como o Banco Mundial (BM), a ONU e outras, pode levar a processos administrativos extensos que exigem uma grande quantidade de recursos técnicos (Romijn et al. 2015). Do mesmo modo, os instrumentos para abordar a equidade, como as salvaguardas sociais e ambientais (ESS), são frequentemente reduzidos a exercícios administrativos, de monitorização e de elaboração de relatórios. Isto pode fazer com que as negociações se distanciem dos objectivos nacionais no que se refere à terra, aos povos e comunidades indígenas e às florestas, acabando por resultar numa fraca integração com sectores de mudança importantes (Dawson et al. 2018). Tendo em conta o que precede, os critérios de equidade podem ter dificuldades na distribuição de custos e benefícios, nos procedimentos de tomada de decisões e no reconhecimento de identidades e valores que são fundamentais para a consecução de objectivos ecológicos (Myers et al. 2018).

Ao analisar os critérios 3E+ num projeto, podem ser observados resultados contraditórios. Por exemplo, um projeto REDD+ pode produzir bons resultados em grande escala a um custo relativamente baixo, mas gerar um aumento da desigualdade na propriedade da terra. Outro exemplo, um projeto orientado para a comunidade para reforçar os direitos locais de posse da terra pode obter ganhos de equidade mas ser dispendioso e duradouro (ineficiente) (Springate-Baginski e Wollenberg 2010).

2. Variáveis de análise

O contexto florestal de cada país é único, os vetores de desmatamento e degradação são diferentes e os processos de desenvolvimento também são diferentes. Portanto, considerando a diversidade das circunstâncias nacionais, as estratégias de REDD+ devem responder às necessidades de cada país.

Para avaliar os critérios 3E+ para o financiamento do clima, foi escolhida a taxa de desflorestação, que por si só é importante porque os países em desenvolvimento com elevadas taxas de desflorestação e degradação florestal aumentam o ambiente para o REDD+. Além disso, a taxa de desmatamento permite comparar a mudança na área florestal com e sem REDD+, o que possibilita analisar a eficácia e a eficiência do mecanismo na redução de GEE (Angelsen, Kanninen, et al. 2010).

O envolvimento das partes interessadas e a posse da terra foram selecionados com base no facto de as contrapartidas e salvaguardas relacionadas com os povos indígenas e as comunidades terem sido negligenciadas no investimento no clima, no interesse do mecanismo a favor dos sistemas baseados no mercado. Estas variáveis realçam a sua importância na gestão florestal para a quantificação dos critérios de equidade (Angelsen, Kanninen, et al. 2010).

2.1. Taxa de desflorestação

A taxa de desflorestação refere-se à mudança permanente na área florestal entre um período de tempo e um período subsequente causado pelo homem (Takaki 2010). O REDD+ abordou incentivos económicos para mudar a abordagem dos detentores de florestas. Proteger as florestas significa renunciar ao rendimento para evitar a exploração deste recurso, por outras palavras, a conservação das florestas é mais rentável do que a exploração madeireira, a agricultura e a pecuária para receber PPR. Neste esquema, os proprietários conservam as florestas porque terão rendimentos mais elevados, esta conotação marcou a diferença em relação a acções anteriores para a conservação das florestas (Sunderlin e Atmadja 2009).

"A desflorestação acontece porque é lucrativa para alguém. Há muito dinheiro no abate de árvores, especialmente para converter a terra em campos agrícolas. E a ideia de que o REDD+ deve mudar a equação, tornando uma árvore viva mais valiosa do que uma árvore morta, vai custar muito dinheiro se for realmente para ser feita" (Angelsen 2020).

As lições aprendidas mostraram que os recursos financeiros, por si só, não travam a desflorestação, o REDD+ não abordou as verdadeiras causas da desflorestação em grande escala e não está a contribuir para a proteção do clima, porque travar a desflorestação não é um processo rápido, fácil ou barato. Além disso, por trás do postulado do mecanismo está o propósito de camuflar as intenções dos países desenvolvidos na proteção das florestas tropicais, transformando subsídios destinados à "ajuda ao desenvolvimento" em empréstimos para projectos e programas climáticos (Kill 2017).

2.2. Participação das partes interessadas

A participação dos intervenientes refere-se aos actores envolvidos no Grupo de Trabalho REDD+ (MoW), que inclui a Autoridade Nacional REDD+, povos e comunidades indígenas, afro-equatorianos, Montubios, academia, sociedade civil e sector privado.

O conceito de participação comunitária pode ser abordado a partir de várias perspectivas: na esfera política como uma forma de alcançar o poder, o desenvolvimento social ou para fins democráticos, na esfera económica para obter alguns benefícios materiais e na esfera social está relacionado com processos em que as pessoas são mobilizadas para alcançar objectivos com vista a satisfazer determinadas necessidades e produzir mudanças sociais. A participação comunitária concentra estas definições e resume-se a um processo organizado, inclusivo e autónomo, orientado para transformações colectivas e individuais, em que pessoas com diferentes graus de compromisso partilham valores e objectivos (Montero 2004).

Além disso, engloba outros aspectos, como o seu carácter inclusivo, devido ao seu interesse em atingir um objetivo, bem como a integração de várias actividades para alcançar um objetivo comum (Sánchez 2000), o seu carácter político, porque constrói a cidadania e reforça a sociedade civil (Montero 2010; Clary e Snyder 2002).

Sob esta premissa, é fundamental o diálogo multissectorial entre os actores envolvidos, tais como governos locais, governos autónomos descentralizados, cidadãos em geral, agências internacionais de desenvolvimento, bancos privados, ONG, academia, agências de apoio técnico, povos indígenas e comunidades, entre outros, com vista a promover e implementar conjuntamente iniciativas de apoio, metas comuns e objectivos específicos para gerar mudanças transformadoras (Ulloa 2013).

Os povos indígenas e as comunidades são actores fundamentais para a realização de objectivos como a redução das emissões resultantes da desflorestação e da degradação florestal e para a utilização, gestão sustentável e conservação dos recursos florestais (Angelsen e Agrawal 2009). Devido ao seu papel, as comunidades devem receber tratamento preferencial ou diferenciado porque sempre viveram no território e a sua presença deve ser reflectida antes de qualquer discussão política como actores diretos na conservação da floresta (Ulloa 2013).

Os povos indígenas e as comunidades como agentes activos destacam-se como detentores de conhecimentos, saberes ancestrais e tradicionais, actores dispostos a adaptar-se ao ambiente em mudança e protectores das florestas devido à sua estreita relação com a natureza; o seu papel vai mais além, como actores que constroem provas sólidas do seu protagonismo. A proteção dos direitos das comunidades é a maior garantia face à resiliência das florestas; trata-se de apoiar a sua posição e legitimidade enquanto protectores da biodiversidade do seu território, a conservação dos ecossistemas ameaçados e a recuperação das suas terras degradadas. Para fazer valer os seus direitos, estabeleceram alianças que destacam a sua presença e que apoiam a sua posição e legitimidade (Lozano 2018).

A nível transnacional, a mobilização política dos povos e comunidades indígenas ocorreu com a incorporação dos territórios em mecanismos de conservação dos recursos florestais e dos serviços ecossistémicos, o que modificou as suas relações entre o transnacional e o local com enfoque nas alterações climáticas (Ulloa 2013).

As políticas de REDD+ geralmente aludem às comunidades como potenciais beneficiários e agentes de implementação, as abordagens baseadas na comunidade têm feito parte das iniciativas de governação ambiental. Elas são reconhecidas como atores responsáveis pela gestão de iniciativas locais de REDD+ (Skutsch e Turnhout 2018). A redação do mecanismo afirma que este envolve as comunidades através de processos participativos e do "consentimento livre, prévio e informado". No entanto, na prática, os processos de tomada de decisão raramente são "livres", dificilmente "prévios" e pouco "informados", e raramente procuram qualquer forma de "consentimento" democrático ou mesmo "consulta" (Ece, Murombedzi e Ribot 2017).

As comunidades dependentes da floresta não estão envolvidas em projectos REDD+, e os potenciais impactos do mecanismo perturbam os seus meios de subsistência, sistemas socioculturais, segurança alimentar, encorajam a introdução de monoculturas, a presença de actores poderosos e a aquisição ilegal de terras de várias formas. O REDD+ é também descrito como um mecanismo que renegocia a relação das pessoas com o seu espaço natural através da monetização da natureza (Macchi, et al. 2008). Atualmente, para as comunidades, viver na floresta é um desafio, os seus direitos foram violados e tornaram-se mais sensíveis às alterações climáticas (Bayrak e Marafa 2016).

2.3. Posse da terra

A posse refere-se à "relação, legal ou habitualmente definida, entre pessoas, como indivíduos ou grupos, no que respeita à terra" (FAO 2003). Também é entendida como o conjunto de relações, sistemas e regras que regem os direitos de uso da terra e dos recursos florestais; determina quem pode explorar, vender, excluir do uso da terra e dos recursos naturais nela encontrados; também estabelece as responsabilidades e limitações relacionadas aos direitos de uso e exploração (FAO 2016).

A falta de certeza nos direitos de posse leva os povos e comunidades indígenas a fazerem uma utilização mais intensiva e temporária da terra através de sementeiras de ciclo curto e de criação intensiva de gado. Quando as comunidades desenvolvem uma agricultura itinerante, esgotam o solo e deslocam-se para outras áreas porque não têm o direito de propriedade e a segurança que vem com o direito à posse da terra, prejudicando assim as comunidades que já são afectadas por outras causas, como a pobreza, a falta de emprego e a marginalização (FAO 2016).

A posse não é necessariamente sinónimo de propriedade ou domínio. Nalguns casos, a posse coincide com a propriedade, mas não é uma condição; noutros, os povos e comunidades indígenas não têm um direito reconhecido a uma terra, não têm títulos de terra registados, mas utilizam um determinado território há algumas gerações, têm a sua própria organização interna e dinâmicas de governação; embora não tenham domínio de um ponto de vista jurídico, têm os benefícios da posse (FAO 2016).

A posse da terra é importante no planeamento e implementação do REDD+, pois constitui a base sobre a qual os projectos e a partilha de benefícios são construídos. A posse e os direitos são relevantes para o desenvolvimento de salvaguardas de REDD+. O mecanismo promove o investimento e a gestão de florestas em áreas geralmente distantes dos centros urbanos e em locais de difícil acesso, a falta de segurança jurídica da posse é um dos principais impedimentos ao investimento; portanto, esclarecer e fornecer segurança sobre os direitos de posse é o primeiro passo no processo de preparação para o REDD+ (FAO 2016).

Neste quadro, uma das condições para a implementação do REDD+ a nível mundial tem sido a segurança dos direitos de posse dos proprietários de terras para aceder aos recursos financeiros. O mecanismo tem proporcionado oportunidades para clarificar os direitos de posse locais em áreas de intervenção para garantir as suas actividades; têm alocado recursos para incentivar a aceleração das reformas da posse florestal a favor dos seus interesses (Hubert 2014). Por exemplo, o Brasil tem um historial de implementação de reformas da posse da terra, com grande parte das suas florestas sob propriedade comunal ou atribuídas para uso comunitário, incluindo esforços para georreferenciar pequenas e médias propriedades para inclusão em projectos REDD+ (Dewan 2011).

METODOLOGIA

O ponto de partida é o financiamento climático no âmbito da UNFCCC por meio dos fundos GCF e GEF direcionados ao PROAmazon, no compromisso de reembolsar o Equador pela conservação das florestas. As informações sobre o cofinanciamento de outras fontes não são analisadas na pesquisa, mas são mencionadas para complementar as informações sobre o financiamento climático total para o período 2017-2023.

O estudo baseia-se numa variedade de fontes bibliográficas, incluindo artigos científicos, relatórios sobre financiamento climático, relatórios de projectos do GCF e do GEF, entrevistas semi-estruturadas com académicos, especialistas em ambiente e peritos em financiamento climático (Tabela 1), com o objetivo de obter dados e informações sobre as acções empreendidas no âmbito de projectos REDD+. Os entrevistados foram selecionados com base na sua participação no Grupo de Trabalho REDD+ (MoW), bem como na sua experiência em questões ambientais e no conhecimento técnico e socioeconómico que apoia a implementação de projectos no território. A resposta dos entrevistados constituiu um conjunto de dados não estruturados, variados e críticos, cada um com a sua perspetiva, informação que foi estruturada e permitiu uma análise mais aprofundada.

Para aprofundar a análise dos critérios eficácia, eficiência e equidade (3E+), foi realizado um estudo das seguintes variáveis: 1. taxa de desmatamento; 2. participação das partes interessadas; e 3. posse da terra. A análise das variáveis foi realizada a partir da literatura pertinente e de informações obtidas em entrevistas, tarefa complexa considerando que a dinâmica dessas variáveis são fenômenos que ocorreram em contextos sociais, políticos, econômicos e institucionais heterogêneos.

Entrevista a Expertos

FECHA ENTREVISTA	ENTREVISTADO	CARGO	REPRESENTANTE	CÓDIGO
07/07/2021	Arild Angelsen	Profesor de Economía en la Norwegian University of Life Sciences (NMBU)	Academia	A1
14/06/2021	Carolina Rosero	Gerente de Políticas Ambientales de Conservación Internacional	ONG	O1
09/06/2021	Cristina García Soto	Oficial de Programa de Bosques y Agua de WWF	ONG	O2
15/06/2021	David Romo Vallejo	Director del Programa de Diversidad Etnica de Universidad San Francisco de Quito (USFQ)	Academia	A2
29/06/2021	David Yedra	Director del Gestión Ambiental de GAD Provincial de Pastaza	GAD	G1
17/08/2021	Duval Llaguno Ribadeneira	Especialista en Recursos Naturales del Banco Interamericano de Desarrollo	BID	B1
29/06/2021	Francisco Moscoso Silva	Especialista Técnico en Monitoreo y Seguimiento de PROAmazonia	PROAmazonía	P1
17/06/2021	Jaime Toro Guajala	Director de Naturaleza y Cultura Internacional	ONG	O3
05/05/2021	Jessica Gallegos	Especialista de Mitigación de Cambio Climático del MAATE	MAATE	M1
18/08/2021	Manuel Shiguango	Técnico Territorial CONFENIAE / ONU REDD+	CONFENIAE / ONU REDD+	C1
18/08/2021	Patricia Serrano	Gerente de PROAmazonía	PROAmazonía	P2

Quadro 1. Entrevistas com académicos e peritos Elaboração própria

Para a avaliação da desflorestação, a taxa de desflorestação nacional foi revista, utilizando uma análise histórica comparativa de 1990 a 2022 para examinar os resultados alcançados pelos projectos financiados pelo GCF e pelo GEF. Os resultados de desflorestação dos projectos ao abrigo destes fundos causam alguma incerteza devido a factores como a informação limitada de dados e números actualizados. Esta variável permite quantificar a eficácia e a eficiência das actividades REDD+.

No que se refere à participação das partes interessadas, foi realizado um mapeamento da intervenção dos atores envolvidos (Anexo 1), com o objetivo de obter dados e informações sobre as ações realizadas pelo PROAmazônia. Os entrevistados foram selecionados com base na sua participação no MdT, na sua experiência em questões ambientais e no seu conhecimento técnico e socioeconômico sobre a implementação de projetos no território. A análise da pesquisa tem como foco a participação dos povos e comunidades indígenas como parceiro estratégico para a implementação de ações de REDD+.

A fim de avaliar a posse da terra, foi analisada a literatura oficial e académica. Além disso, ela foi reforçada por entrevistas. Esta variável foi considerada porque os direitos à terra são um pré-requisito para o acesso aos benefícios do REDD+. A posse da terra é a base sobre a qual os projetos e a partilha de benefícios são consolidados. Estas duas últimas variáveis, participação *dos atores* e posse da terra, permitem a quantificação da equidade.

ALTERAÇÕES CLIMÁTICAS, DESFLORESTAÇÃO, REDD+ E FINANCIAMENTO CLIMÁTICO

O capítulo analisa os desafios que as alterações climáticas criaram no contexto global e a necessidade de cooperação e participação no financiamento do clima por parte dos países desenvolvidos e em desenvolvimento para construir economias inclusivas, com baixas emissões de carbono e resistentes ao clima. Analisa a distribuição das florestas e a sua importância enquanto ecossistemas geradores de múltiplos benefícios e a sua relação direta com as alterações climáticas. Com esta premissa, discute brevemente as negociações sobre o clima que tiveram lugar no âmbito da CQNUAC, visando o REDD+ como um mecanismo financeiro que promove os esforços voluntários dos países desenvolvidos para reduzir os GEE e aumentar as reservas de carbono florestal. Analisa os recursos de financiamento climático atribuídos ao abrigo da CQNUAC na última década para reduzir a desflorestação e a degradação florestal nos países em desenvolvimento.

1. Alterações climáticas

As alterações climáticas são atualmente um dos desafios mais importantes que a humanidade enfrenta. De acordo com a UNFCCC (2014a) é um desafio que deve ser enfrentado através de ações concretas para alcançar os Objetivos de Desenvolvimento Sustentável (ODS) e o cumprimento das Contribuições Nacionalmente Determinadas (NDCs), que são as iniciativas nacionais de cada país visando a redução de GEE à luz do Acordo de Paris (AP). O desafio exige uma ação conjunta com o investimento climático para promover um desenvolvimento ambientalmente sustentável, com baixas emissões de carbono e resiliente ao clima, especialmente em benefício dos países mais vulneráveis (Hirsch 2018).

As alterações climáticas são definidas como "alterações no clima atribuídas direta ou indiretamente à atividade humana, que alteram a composição da atmosfera global e que se juntam à variabilidade climática natural observada em períodos de tempo comparáveis" (UNFCCC 1992). "Pode também dever-se a processos internos naturais ou a alterações no forçamento externo, ou a alterações antropogénicas persistentes na composição da atmosfera ou no uso do solo" (IPCC 2013). Por outras palavras, é um fenómeno causado pela acumulação de GEE na atmosfera, que resulta num aumento da temperatura média que conduziu à perturbação do sistema climático.

Os GEE são gases que se acumulam na atmosfera, absorvem a radiação infravermelha do sol e são necessários para manter a temperatura do planeta; no entanto, a atividade humana tem aumentado a sua produção, alterando o equilíbrio natural, provocando um aumento da temperatura global, alteração do fluxo de energia radiante na atmosfera (forçamento radiativo) e variação do balanço energético à superfície da Terra (forçamento climático) (Romano, et al. 2018). Três quartos das emissões de CO_2 provêm dos países industrializados (Xu, et al. 2017). Em 2018, as emissões de CO_2 atingiram níveis sem precedentes, tendo sido emitidas 37 mil milhões de toneladas de CO_2 provenientes da queima de combustíveis fósseis, o que representa mais 3,1 % do que no ano anterior (OCDE 2019).

O desafio consiste em combater as alterações climáticas. Os

compromissos globais devem incluir a afetação de recursos financeiros para construir economias inclusivas de baixo carbono e resistentes ao clima, mas o financiamento disponível e as capacidades de gestão desses recursos diferem de país para país. Os países desenvolvidos têm capacidades internas para produzir e utilizar recursos, enquanto a maioria dos países em desenvolvimento necessita de recursos financeiros externos para mitigar e adaptar-se às alterações climáticas (PNUD 2012).

2. Florestas

A distribuição das florestas no planeta não é uniforme nem equitativa em termos de população mundial ou de localização geográfica. Mais de metade das florestas do mundo estão localizadas em cinco países: Brasil, Canadá, China, Estados Unidos e Rússia cobrem 31% da superfície terrestre total do mundo, representando 4,06 mil milhões de hectares (Mha) (Figura 1). Cerca de metade da área florestal (49 %) está quase intacta e mais de um terço (34 %) representa florestas primárias, onde não há indícios de atividade humana e os processos ecológicos não foram significativamente perturbados (FAO 2020). Além disso, as zonas tropicais detêm a maior parte das florestas do mundo (45%) (FAO 2020a).

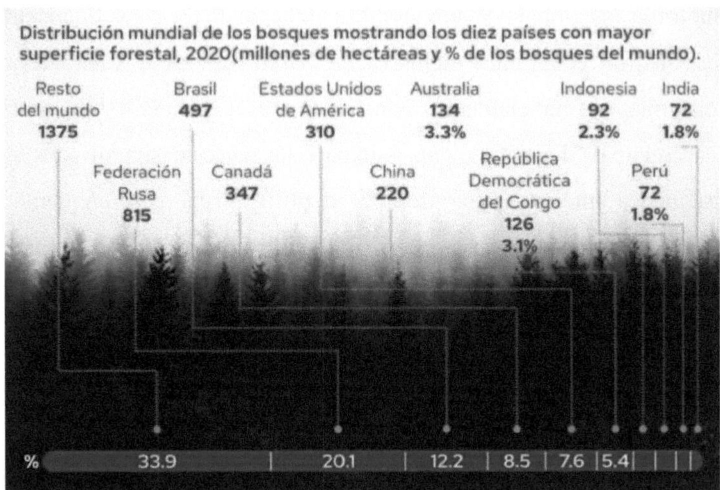

Figura 1: Florestas do mundo
Fonte: FAO 2021 Elaboração própria

O carbono encontra-se no ambiente sob diferentes formas, como a biomassa, os dejectos, os animais que o devolvem ao solo através dos seus resíduos ou da sua morte, bem como sob a forma de combustíveis fósseis, rochas e na atmosfera. [14]A quantidade absoluta retida nas formas em que o carbono se encontra são reservas que variam devido à desflorestação ou à degradação, estas variações são chamadas fluxos, de modo que o carbono flui por circulação entre as diferentes reservas (FAO 2003a).

Com base nesta premissa, as florestas e as alterações climáticas estão

[14] Nem todas as florestas armazenam a mesma quantidade de carbono; em princípio, o sequestro de carbono é determinado pela quantidade de biomassa; no entanto, a quantidade sequestrada depende não só da biomassa, mas também do tipo, da idade da floresta e de outra vegetação (Biomassa + tipo de floresta e outras variáveis = CO_2 armazenado). Em termos gerais, uma tonelada de biomassa é equivalente a meia tonelada de carbono (PNUA 2018).

diretamente relacionadas. As alterações climáticas afectam as florestas e vice-versa; o aumento das temperaturas, a alteração da precipitação, os rios e outros fenómenos meteorológicos extremos afectam as florestas. Esta complexa inter-relação tem de ser abordada de forma holística e inovadora, combatendo a degradação ambiental e travando um crescimento económico insustentável. "As florestas são uma solução baseada na natureza para muitos desafios do desenvolvimento sustentável" (FAO 2020).

2.1 Desflorestação e degradação florestal a nível mundial

A área florestal mundial está a diminuir, embora a taxa de perda líquida de floresta tenha abrandado. No período 1990-2020, estima-se uma perda de 178 Mha de floresta em resultado da redução da desflorestação em vários países, do aumento da florestação noutros e da expansão natural das florestas. A taxa de perda líquida para o período 1990-2000 é estimada em 7,8 Mha. por ano, para o período 2000-2010 diminuiu para 5,2 Mha. por ano e para 2010-2020 diminuiu para 4,7 Mha. por ano (Figura 2) (FAO 2020a).

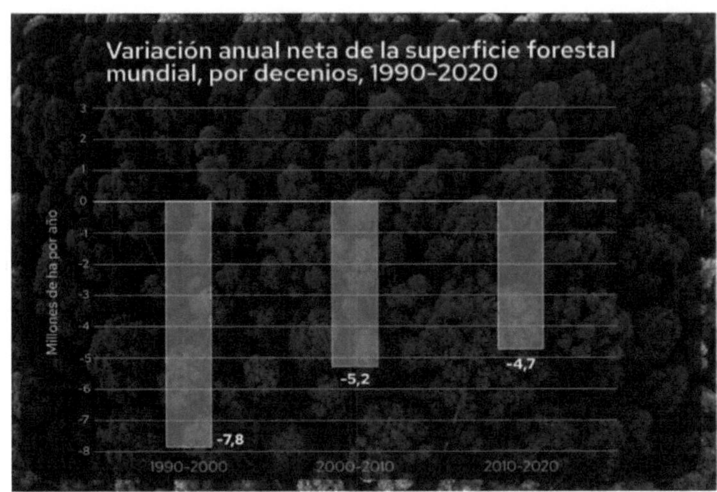

Figura 2. Variação anual líquida da área florestal
Fonte: FAO 2021
Elaboração própria

Tendo em conta esta premissa, é necessário estabelecer a diferença entre desflorestação e degradação florestal. A desflorestação é "a conversão de florestas noutro tipo de uso do solo ou a redução permanente do coberto vegetal abaixo do limiar mínimo de 10%" (FAO 2015), um processo que implica a perda ou o declínio constante do coberto florestal e a transformação noutro uso do solo, por exemplo, terras agrícolas, pastagens, florestas, povoações, zonas húmidas, etc. A degradação florestal é "o declínio da capacidade da floresta para fornecer bens e serviços" (FAO 2015), por outras palavras, não se trata de um declínio da área florestal mas da qualidade do estado da floresta, um processo que implica a perda de reservas de carbono.

Estima-se que 424 Mha. de florestas no planeta estejam designadas para a conservação da biodiversidade; no entanto, esta área diminuiu nos últimos dez anos (FAO 2020a). Mais de 100 Mha. de florestas são frequentemente ameaçados por incêndios florestais, pragas, secas e fenómenos meteorológicos adversos. A expansão agrícola e comercial em grande escala tem sido uma causa constante da perda de florestas. Infelizmente, as florestas enfrentam muitas perturbações que afectam significativamente a sua vitalidade e reduzem a sua capacidade de fornecer bens e serviços ecossistémicos (FAO 2020).

As consequências são evidentes na diminuição do stock total de carbono florestal. A maior parte encontra-se na biomassa viva (44%) e na matéria orgânica do solo (45%), e o restante na madeira morta e nos detritos. Para o ano de 1990, o stock total de carbono foi estimado em 668 gigatoneladas (Gt), mas em 2020 tinha caído para 662 Gt. No mesmo período, a densidade de carbono registou um breve aumento de 159 para 163 toneladas por hectare (FAO 2020a).

1.1. UNFCCC e mecanismos florestais

As alterações climáticas têm estado no centro das agendas internacionais, nacionais e locais ao longo do último século. A CQNUAC baseou-se num dos tratados ambientais multilaterais mais bem sucedidos, o Protocolo de Montreal de 1987, que apelava aos Estados membros para participarem na segurança humana apesar da falta de provas científicas actuais (Blobel et al. 2006).

Em 2005, na Conferência das Partes (COP) n.º 11, em Montreal, a Coligação das Nações das Florestas Tropicais (CNBT) propôs um mecanismo de compensação denominado Redução das Emissões da Desflorestação (RED), baseado no conceito de redução compensada e uma opção de atenuação eficaz em termos de custos (Fry 2008), e a sua contribuição para a atenuação proporcionaria importantes co-benefícios para os serviços ecossistémicos e a biodiversidade. [15]Esta foi a primeira abordagem das Partes na CQNUAC a uma das questões mais críticas das negociações sobre o clima e o início da aplicação efectiva do Princípio das Responsabilidades Comuns mas Diferenciadas (PRCD). A participação voluntária e os incentivos positivos permitiriam aos países em desenvolvimento contribuir de forma significativa para um regime climático sem comprometer a sua capacidade de desenvolvimento (Rudel, et al. 2005).

Inicialmente, as negociações visavam o RED da desflorestação como mecanismo de criação de incentivos para proteger, otimizar a gestão e utilizar de forma sensata os recursos florestais nos países em desenvolvimento, tendo sido posteriormente alargadas à degradação florestal (REDD). Em 2008, em resposta à necessidade de assistência técnica e reforço de capacidades, foram criadas instituições multilaterais, como o Mecanismo de Parceria para o Carbono Florestal (FCPF) do BM, como uma parceria estratégica global para ajudar os países em desenvolvimento nos seus esforços para reduzir as emissões resultantes da desflorestação e da degradação, apoiar a gestão sustentável das florestas em pé e manter inventários de carbono florestal (CQNUAC 2013).

Do mesmo modo, como iniciativa de colaboração da ONU face à perda

[15] De acordo com o artigo 3.º da CQNUAC, a CDDC reconhece as responsabilidades pelo problema das alterações climáticas. A responsabilidade é definida pela medida em que os países partilham o aumento da temperatura global e a capacidade de cada país para resolver o problema (UNFCCC 2011).

contínua de florestas tropicais a um ritmo preocupante, esta lançou oficialmente o Programa UN-REDD como um programa destinado a reduzir os GEE provenientes da desflorestação e da degradação florestal nos países em desenvolvimento. O Programa UN-REDD inclui estratégias de conservação, gestão sustentável das florestas e procura reforçar o papel dos povos indígenas, das comunidades locais e de outras populações dependentes das florestas, bem como a participação da sociedade civil (Herrán 2012).

O mecanismo de Redução de Emissões por Desflorestação e Degradação Florestal (REDD) intervém quando o CO_2 é emitido e quando as florestas são danificadas ou destruídas. O ponto de partida para a implementação do REDD foram os países com elevadas taxas de desflorestação e com potencial para as reduzir. No entanto, há muitos países que, historicamente, registaram baixas taxas de perda de floresta e mantiveram uma grande percentagem do seu coberto florestal. Diante dessa premissa, por razões políticas e técnicas, o conceito de REDD foi ampliado para REDD+ (Chacón-Cascante, et al. 2011).

Neste contexto, surge a controvérsia sobre os esforços de cooperação internacional para reduzir a desflorestação nos países em desenvolvimento. Sendo o REDD+ um mecanismo internacional que incentiva os esforços voluntários destes países para reduzir os GEE e aumentar as reservas de carbono florestal, a CQNUAC concebeu um sistema internacional para determinar as reduções e remoções de emissões (RE) a nível nacional e subnacional. Neste contexto, observa que o quadro internacional concorre com os sistemas nacionais de comércio de licenças de emissão e com a legislação nacional em matéria de REDD+ no mercado voluntário do carbono (Streck 2020).

3. Mecanismo REDD e REDD+

No seu início, a questão das emissões de carbono do sector florestal foi designada como "desflorestação evitada" e não "desflorestação evitada", o que marcou o ponto de partida do problema. A desflorestação evitada significa apenas a quantificação dos resultados obtidos na redução da desflorestação, mesmo que esta continue. O problema torna-se mais complexo quando é oferecida uma compensação financeira para as zonas onde a desflorestação foi evitada. O ideal seria evitar a desflorestação em todos os países (Carrere 2012).

Nesse quadro, prosseguiram as negociações climáticas impulsionadas principalmente pelos governos e corporações dos países desenvolvidos e para os objetivos de seu mercado de carbono, buscando supostas soluções para o descontentamento que o REDD já havia provocado. As negociações, cada vez mais controladas pelo poder corporativo, não se preocuparam em proteger as florestas e sua biodiversidade, erradicar a pobreza e muito menos respeitar os direitos dos povos, comunidades indígenas e outras populações dependentes da floresta. A desflorestação e as emissões de GEE continuaram, com os países desenvolvidos a continuarem a utilizar o mecanismo como uma opção de pagamento pela poluição, enquanto os países em desenvolvimento viam no REDD uma possibilidade de obter recursos financeiros para a conservação das suas florestas ( ) (Carrere 2012).

Um dos pilares do mecanismo foi o PSA, como esquema inicial de REDD de pagamentos condicionados a reduções de emissões de GEE e posteriormente traduzido em PPR (Angelsen 2017a). Desde o início, o processo de PSA significou mercantilização, subjugação e escravização da natureza à lógica do capitalismo. O comércio de serviços ambientais fomentou a impunidade porque, em vez de proibir a desflorestação e a destruição florestal, compensam-na e evitam combater os problemas, soluções reais para a crise climática ao desviar a atenção das mudanças nos modos de produção e consumo (Olca 2015).

Nesta conjuntura, em 2014, no Peru, mais de 150 organizações de todo o mundo manifestaram a sua oposição ao REDD e às indústrias extractivas, para travar o capitalismo e defender a vida e os seus territórios. O slogan do controlo da desflorestação estava a ficar sem apoio, a destruição crescente das florestas era aceite e até promovida sob o slogan da compensação, da participação local, da melhoria da gestão florestal, do desenvolvimento das populações locais e até dos direitos à terra. Os povos e as comunidades sentiam as consequências não só das secas intensas, das inundações e de outros impactos ambientais, mas também da expropriação e da pilhagem dos seus territórios, consequência da extração legitimada pelos efeitos da expansão do mercado do carbono (Olca 2015).

Em resposta à crescente preocupação com o uso da terra, em particular com a perda de florestas e o seu impacto direto nas alterações climáticas, as Partes da CQNUAC reconheceram a importância de avançar com um acordo sobre alterações climáticas que inclua um mecanismo para reduzir as emissões resultantes da desflorestação e degradação (REDD). A proposta REDD ganhou maior profundidade ao incluir a conservação, a gestão sustentável e o aumento das reservas de carbono florestal (PNUA 2018b).

O mecanismo REDD transformou-se rapidamente em REDD+, já não se referindo apenas a evitar a destruição das florestas, mas também à "conservação, gestão sustentável e aumento das reservas de carbono florestal". Ao centrar-se no sequestro de carbono, deixou-se em aberto a possibilidade de substituir a floresta primária por novas plantações de monoculturas ou por algumas espécies de crescimento rápido; por outras palavras, abriu-se a porta à exploração madeireira industrial e à indústria florestal de monoculturas como futuras fontes de rendimento do carbono. O carbono foi apontado como uma estratégia de mitigação das mudanças climáticas que propõe novos e múltiplos objetivos, englobando interesses diversos com um grande número de atores e agendas diferentes. REDD+ é, portanto, o mesmo REDD só que maior e com capacidade de causar mais danos (Kill 2014).

[16][17]Assim, o REDD+, com seu foco na redução das emissões de carbono, desviou a atenção das causas diretas e subjacentes do desmatamento para camuflar a violação dos direitos de posse da terra das comunidades, o uso tradicional de suas terras e incentivou a agricultura industrial, a monocultura florestal, a extração de minérios,

---

[16] *Causas diretas:* desmatamento para expansão de diferentes tipos de agricultura de subsistência e comercial, exploração mineira, desenvolvimento de infra-estruturas, expansão urbana (PNUA 2018a).

[17] *Causas subjacentes:* o impacto do crescimento demográfico, as políticas nacionais que favorecem a utilização de terras não florestais, a má governação, os incentivos e subsídios fiscais, o comportamento da governação nacional que favorece os produtos agrícolas, os movimentos de agricultores sem terra que são muito pobres, o recurso à agricultura de subsistência e a insegurança alimentar (PNUA 2018a).

gás e petróleo e as obras de infraestrutura em larga escala, justificando o modelo de desenvolvimento associado ao aumento do consumo. A iniciativa REDD+, que alega reduzir a destruição florestal, não aborda as verdadeiras causas, expõe interesses que estão fora dos limites do mecanismo, os verdadeiros responsáveis pela destruição permanecem intocados e suas emissões permanecem intocadas (Sunderlin, Ekaputri, et al. 2014).

Na medida em que o REDD+ está ligado aos mercados de carbono, deve ser criada uma moeda para cumprir as obrigações de mitigação regulamentares ou voluntárias. O princípio que caracteriza os mercados de carbono é a atribuição de um direito de poluir, que define o funcionamento de um sistema de limite e comércio. Quando o sistema reconhece créditos de compensação, estes créditos são convertidos em direitos de poluir equivalentes aos direitos de emissão atribuídos ao sistema de limitação e comércio de emissões (Streck 2020). A principal preocupação é a mercantilização da poluição, que coloca os países e os actores mais ricos em vantagem e cria abusos a nível mundial.

O REDD+ prevê que os países desenvolvidos financiem os países em desenvolvimento para que estes ponham termo à destruição das florestas, em troca de créditos por emissões que poderão não ter ocorrido. O mecanismo exige cálculos complexos que determinam a quantidade de carbono armazenado numa floresta, o que é difícil de verificar. Depois de obtidos os valores, estes são convertidos em unidades equivalentes de CO_2 (a moeda do mercado de carbono), precificados e transaccionados no mercado como créditos de carbono. Os países e/ou empresas que os compram, contabilizam-nos como um item que representa parte do cumprimento das metas de redução de GEE (Fernandez 2015), uma situação conveniente para os financiadores, mas em detrimento dos povos e comunidades indígenas que são enfraquecidos nos seus sistemas alimentares locais ao serem reprimidos nas suas práticas agrícolas tradicionais, nas suas actividades de subsistência e na restrição do acesso à terra e às florestas. Entretanto, os principais factores de desflorestação, como os megaprojectos industriais, a exploração mineira, as infra-estruturas e, em especial, as plantações industriais de árvores, como o óleo de palma e a soja, e a criação de animais em grande escala, continuam as suas actividades sem restrições, reforçando o sistema agroalimentar industrial controlado pelas empresas que provocam as alterações climáticas (Naranjo 2018).

Nesse contexto, observa-se que, ao longo da década, a idéia básica do REDD+ tem sido a de comercializar o carbono armazenado nas florestas como incentivo à redução das emissões de GEE. Isto leva-nos a pensar que o mecanismo foi concebido de tal forma que, quanto maior for a desflorestação e as ameaças às florestas, mais projectos REDD+ são justificados e implementados, sem que nenhum deles se centre no principal objetivo subjacente à criação do mecanismo; de tal forma que os projectos se revelam uma ameaça para as pessoas que vivem e dependem da floresta. Desta forma, os créditos de carbono não só são gerados para expandir e legitimar as actividades dos mesmos actores da desflorestação, como também criam mercados lucrativos para a especulação financeira (Angelsen, Hermansen, et al. 2019a).

4. Financiamento climático

A nível mundial, foi consolidada uma arquitetura de financiamento multi-institucional para a aplicação do financiamento da luta contra as alterações climáticas, tendo em vista mudanças transformadoras, em especial em áreas difíceis de atenuar, adaptar e reduzir a vulnerabilidade. Dado que o financiamento da luta contra as alterações climáticas é fundamental para as Partes na CQNUAC, o Comité Permanente das Finanças (SCF) foi criado em 2010 para acompanhar os recursos financeiros a longo prazo para o desenvolvimento hipocarbónico e resiliente às alterações climáticas nos países hipocarbónicos e resilientes às alterações climáticas. Uma das funções do SCF é assistir a COP na mediação, comunicação e verificação do apoio aos países em desenvolvimento (OECD 2015).

O financiamento climático tem como objetivo "reduzir as emissões, aumentar os sumidouros de gases com efeito de estufa e reduzir a vulnerabilidade dos sistemas humanos e ecológicos aos impactos negativos das alterações climáticas e manter e aumentar a sua resiliência" (UNFCCC 2014). Para facilitar a provisão de financiamento climático, a CQNUAC delineou mecanismos financeiros para fornecer recursos financeiros aos países em desenvolvimento que servem a AP. A adaptação e o financiamento climático estão intimamente relacionados com os objectivos da AP, razão pela qual as alterações climáticas têm um enfoque mais amplo, não apenas como um fenómeno de aumento da temperatura e das emissões de GEE, mas também como um problema económico e social que envolve todos

(CQNUAC 2021).

O financiamento tem lugar a nível local, nacional ou transnacional. Provém de fontes públicas, privadas e de cooperação internacional, é necessário para mitigar e adaptar, proteger e restaurar os ecossistemas naturais, requer investimentos em grande escala para reduzir significativamente as emissões de GEE e os impactes climáticos adversos (UNFCCC 2021). Por sua vez, vários países em desenvolvimento criaram e/ou adaptaram instituições e canais nacionais para receber esse financiamento. Embora a multiplicidade de canais tenha levado a um aumento das opções e possibilidades de acesso ao financiamento climático por parte dos países beneficiários, também se tornou um processo complexo em termos de rastreio de todas as fontes de financiamento (Bird, Watson e Schalatek 2017).

Na última década, o financiamento da luta contra as alterações climáticas aumentou de forma constante. No biénio 2015-2016, atingiu 463 mil milhões de dólares; no biénio 2017-2018, o montante subiu para 574 mil milhões de dólares - um aumento de 24% e, no biénio 2019-2020, aumentou para 632 mil milhões de dólares - um aumento de 10%. Isto permite-nos ver que os fluxos abrandaram nos últimos anos, apesar de as metas climáticas acordadas internacionalmente para 2030 exigirem um aumento de pelo menos 7 vezes no financiamento climático. Três quartos do investimento global no clima estão concentrados na Ásia Oriental e no Pacífico, na Europa Ocidental e na América do Norte, enquanto todas as outras regiões receberam menos de um quarto.

A Ásia Oriental e o Pacífico representam aproximadamente 50 % dos investimentos globais no clima, com 292 mil milhões de dólares no biénio 2019-2020 e um aumento de 43 mil milhões de dólares em comparação com o biénio 2017-2018. Estima-se que mais de 80 % da região da Ásia Oriental e do Pacífico se concentrou na China (Buchner, et al. 2021).

Os fluxos de financiamento climático não satisfazem as necessidades estimadas para alcançar a transição para um mundo sustentável, com emissões líquidas nulas e resiliente nesta década, pelo que o investimento climático deve aumentar. Os compromissos de financiamento climático devem ser traduzidos em acções reais por parte dos intervenientes públicos e privados que se alinhem com os objectivos da AP (Buchner, et al. 2021).

Para um melhor funcionamento do financiamento climático, existem várias entidades, instituições e mecanismos financeiros internacionais, como o Fundo Mundial para o Ambiente (GEF), o Fundo Verde para o Clima (GCF), o Fundo de Adaptação das Nações Unidas (AF), o Fundo Especial para as Alterações Climáticas (SCCF) e o Fundo para os Países Menos Desenvolvidos (LDCF), orientados para a redução dos GEE. Por sua vez, os países em desenvolvimento aumentaram a sua despesa pública em actividades relacionadas com as alterações climáticas através dos orçamentos nacionais (PNUD 2012).

4.1. Âmbito e obstáculos ao financiamento da luta contra as alterações climáticas

O financiamento climático é a pedra angular para a materialização de acordos e compromissos e para o cumprimento dos objectivos climáticos. São investimentos que ajudam a aumentar a resiliência e a reduzir a vulnerabilidade aos impactos da crise climática, facilitam a mudança dos padrões de produção no sector agrícola e a gestão das catástrofes climáticas. A CQNUAC estabelece acordos que devem ser cumpridos para criar confiança entre as Partes, e o AP estipula que todos os fluxos financeiros devem ser coerentes com um desenvolvimento com baixas emissões de carbono e resiliente às alterações climáticas. Por outras palavras, os fluxos financeiros devem provir não só dos países desenvolvidos, mas também dos países em desenvolvimento que também têm a sua quota-parte de responsabilidade na poluição ambiental (Guzmán 2021).

Os mecanismos financeiros internacionais devem fornecer orientações claras e coerentes sobre as orientações climáticas, tais como o planeamento do processo, a implementação do projeto, a gestão dos fundos até à fase final; estas orientações devem ser seguidas pelos organismos nacionais responsáveis pela implementação da política climática em cada país. Por sua vez, os governos devem garantir que os fundos financeiros são utilizados para reforçar as actividades ambientais, como a monitorização e a capacidade de gerar informações reais a nível nacional (Sweeney, et al. 2011).

Um dos objectivos do AP gira em torno do Quadro de Transparência para a ação e apoio (Art. 1316), neste sentido todos os países devem ter um MTDS que facilite a comunicação dos resultados das acções climáticas e do apoio recebido para este fim (Samaniego, et al. 2019). O desenvolvimento de uma metodologia universal permitiria saber quanto recursos são prometidos, o que é alocado, o que é transferido e, acima de tudo, como os recursos são utilizados e que informações cada país deve gerar. A falta de uma metodologia única mostrou que o financiamento climático não é consistente entre países doadores e receptores, porque há países menos desenvolvidos cujas capacidades económicas são mais restritas e outros que estão numa trajetória diferente de desenvolvimento e crescimento económico, como a China, o Brasil e a Índia, que não devem receber fundos da cooperação internacional (Guzmán, Castillo e Moncada 2017).[18]

A transparência financeira é essencial na ação climática para acompanhar e analisar os investimentos. Se os países não forem transparentes sobre as suas contribuições para o clima, não é possível passar do planeamento à ação e, assim, fazer progressos contra as alterações climáticas. Quando são investidos grandes montantes de recursos financeiros, há um elevado nível de complexidade e falta de clareza que acompanha muitos processos climáticos (Guzman 2021). Vale a pena perguntar se existe transparência na utilização dos recursos financeiros que os países em desenvolvimento recebem dos fundos de financiamento multilaterais e se estes são canalizados para actividades e sectores prioritários. Por outras palavras, este financiamento está a chegar onde deveria, está a gerar o impacto esperado e está a facilitar a transformação necessária no território?

---

[18] "A fim de criar confiança mútua e promover uma implementação eficaz, é estabelecido um quadro de transparência reforçado para a ação e o apoio, com flexibilidade para ter em conta as diferentes capacidades das Partes e com base na experiência colectiva" (Nações Unidas 2015).

De outra perspetiva, o financiamento climático, apesar de sua importância para o cumprimento das metas nacionais, poucos países têm estratégias de financiamento climático como políticas de Estado, situação que não se deve apenas à falta de recursos, mas também à vontade política de enfrentar o problema e implementar ações climáticas. O financiamento climático é um termómetro que mede as prioridades dos países e o seu compromisso para além do quadro institucional; portanto, o compromisso com as alterações climáticas é uma oportunidade para reformular não só o modelo de desenvolvimento, mas também o quadro institucional (Nemirovsky 2019).

Até há pouco tempo, as alterações climáticas eram concebidas como uma questão ambiental, mas hoje são reconhecidas como um problema económico e social que ainda não foi internalizado na prática. Os países em desenvolvimento ainda não elaboraram os seus planos de desenvolvimento nacionais e sectoriais numa perspetiva de alterações climáticas. Nos últimos anos, estes países assumiram compromissos climáticos para fazer face à ameaça que paira sobre o mundo; no entanto, estes esforços correm o risco de ser atrasados pelo modelo de desenvolvimento que promove as actividades petrolíferas, a expansão das fronteiras agrícolas, pecuárias e mineiras e a sua expansão para as zonas de fronteira florestal com a consequente desflorestação. Cada uma delas atrai fundos e envolve actividades industriais e comerciais (Salvador 2021).

Embora o financiamento da luta contra as alterações climáticas ajude a fazer face aos seus efeitos, também é verdade que os impactos negativos estão a tornar-se mais frequentes e intensos e que a luta contra as alterações climáticas se tornará cada vez mais onerosa enquanto os países e as indústrias continuarem a adiar as reduções dos gases com efeito de estufa. Embora haja financiamento disponível, o desafio é que o volume de financiamento não será suficiente para as necessidades dos países em desenvolvimento. É urgente repensar o financiamento climático como parte integrante de um novo modelo de produção e de inserção global, o que se traduz num apelo para acabar com um modelo de ligação centrado em ganhos de curto prazo que ignora os custos sociais e ambientais, o que implica gerar valor a partir de uma outra perspetiva centrada nos produtos não lenhosos, na agricultura sustentável e na redução ou, pelo menos, na não expansão das actividades extractivas (Cabral e Bowling 2014).

4.2. Fundos financeiros no âmbito da UNFCCC

Apenas alguns países fornecem mais de 80% do financiamento internacional: Noruega, Alemanha, Reino Unido, Austrália e EUA (Olesen, et al. 2018). Os fundos multilaterais geridos pelo BM, o GCF, o GEF e o programa UN-REDD são responsáveis pela distribuição de aproximadamente um terço do financiamento público internacional (Norman e Nakhooda 2015). Os fundos são usados para cobrir custos de transação, informação, implementação, aplicação e monitoramento e custos diretos das atividades de REDD+ (Vatn e Vedeld 2011). Para o propósito desta pesquisa, serão avaliadas as ações empreendidas pelos fundos GCF e GEF.

4.2.1. Fundo Verde para o Clima (GCF)

O GCF, criado em 2010, é um órgão operacional do mecanismo financeiro da UNFCCC, considerado uma fonte global fundamental e um dos maiores fundos de assistência aos países em desenvolvimento. É uma entidade juridicamente independente cuja finalidade é reduzir os GEE, melhorar a resiliência às alterações climáticas e reforçar os objectivos do AP. Começou a mobilizar fundos financeiros em 2014 e atraiu compromissos de 43 países contribuintes no valor de 10,3 mil milhões de dólares, principalmente de países desenvolvidos e de outras regiões. Em meados de 2015, adquiriu autoridade de decisão em matéria de financiamento, o que o torna o maior fundo multilateral para o clima, com potencial para canalizar montantes ainda mais elevados para a AP. [19]As suas actividades estão alinhadas com as prioridades dos países em desenvolvimento, especialmente os mais vulneráveis, e são realizadas através do Princípio da Apropriação Nacional (NOP) , para o qual estabeleceu uma modalidade de acesso direto ao financiamento, evitando assim a presença de intermediários internacionais. As suas acções baseiam-se na utilização do investimento público para estimular o investimento privado e gerir a sua carteira de projectos através de organizações parceiras conhecidas como Entidades Acreditadas (GCF 2019).

[19] "A apropriação pelo país e a focalização no país são as principais chaves do fundo e acordaram que os países beneficiários devem designar uma autoridade nacional designada (AND) ou um ponto focal. As ADN serão responsáveis pela supervisão do programa, pela aplicação do procedimento de não objeção, por assegurar a coerência e a consistência de todas as propostas de financiamento e por atuar como pontos focais para a comunicação do Fundo" (Sean 2013).

Os países em desenvolvimento que são parte da CQNUAC podem aceder ao apoio do GCF para actividades de REDD+ através do Programa de Preparação para o Projeto e do Financiamento Regular do Ciclo de Projeto, que lhes permitirá receber RPPs e implementar as suas acções para combater as alterações climáticas. Embora o financiamento se concentre na redução dos GEE, os recursos também são direcionados para a adaptação, incluindo o aumento da resiliência dos ecossistemas, a melhoria dos meios de subsistência das comunidades nas regiões mais vulneráveis e a melhoria da segurança alimentar e hídrica (GCF 2018a).

Para o objetivo de distribuição de PPR em 2017, foi lançado um regime-piloto no âmbito do qual foram atribuídos 500 milhões de USD a países que cumprem os requisitos do quadro de MRV implementado pela CQNUAC para reduzir as emissões de GEE provenientes do uso e alteração do uso do solo. Atualmente, quatro países receberam pagamentos equivalentes a 229 milhões de USD com base nos PPR REDD+, para reduções de emissões de aproximadamente 45 MtCO2eq. O Brasil com 96,5 milhões de USD, o Chile com 63,6 milhões de USD, o Paraguai com 50 milhões de USD e o Equador com 18,6 milhões de USD por cerca de 3,6 MtCO2eq evitadas em 2014 (CQNUAC 2021).

Passou mais de uma década desde que o GCF investiu milhares de milhões em financiamento público para o clima, mas a taxa de desflorestação continua elevada, especialmente nos países que receberam mais financiamento. Por exemplo, no Brasil, no biénio 2014-2015, o governo declarou que os resultados da conservação ambiental serão revertidos se não houver um pagamento contínuo do GCF. Isso significou que o fundo teve que estabelecer um compromisso financeiro indefinido com o país para manter suas florestas em pé, que no final foram queimadas em 2019, áreas intencionalmente desmatadas para acabar em processos de expansão agrícola; foram recursos alocados em vão e não em soluções reais que causaram grande destruição para comunidades, ecossistemas, biodiversidade e o planeta (Lovera-Bilderbeek 2019). Da mesma forma, a Colômbia e a Indonésia receberam, em 2020, 130 milhões de dólares como PPR do GCF, mas os povos e comunidades indígenas continuam a ser ignorados e a correr um elevado risco de desflorestação noutras áreas, à medida que a terra é desbravada para a expansão do óleo de palma, da mineração e da extração de outras matérias-primas (Biondi 2020).

O GCF deve rejeitar pedidos de financiamento de REDD+ por parte das RPPs com referência às reduções de desflorestação de anos anteriores; não deve recompensar os governos que continuam a envolver-se e a promover a desflorestação em grande escala porque estaria a ignorar a taxa crescente de desflorestação nos países que financia. Por exemplo, os governos da Colômbia e da Indonésia continuam a distribuir concessões petrolíferas e mineiras e a dar incentivos a indústrias privadas e agro-indústrias que destroem florestas através da implementação de infra-estruturas necessárias a essas indústrias (Lohmann 2020).

4.2.2. Fundo Mundial para o Ambiente (GEF)

O GEF é uma parceria para a cooperação internacional e foi criado em 1991 para fazer face aos problemas ambientais em aceleração, enquanto projeto-piloto do BM. Desde então, tornou-se um dos maiores financiadores de projectos nos domínios da biodiversidade, das alterações climáticas, das águas internacionais, da degradação dos solos, da destruição da camada de ozono, dos poluentes orgânicos persistentes, dos produtos químicos e dos resíduos. Composto por 183 países, ONG, instituições internacionais e o sector privado, já concedeu mais de 21 mil milhões de dólares em subvenções, canalizou mais de 5 000 projectos em 170 países no valor de 114 mil milhões de dólares e apoiou 133 países através de subvenções específicas a mais de 25 000 iniciativas da sociedade civil e da comunidade (GEF 2020).

A afetação de recursos é feita através de múltiplas abordagens, uma das quais é a das alterações climáticas baseadas em recursos para obter resultados, garantindo que os países em desenvolvimento recebem a sua parte do financiamento. De 2014 a 2018, 30 países doadores afectaram 4,43 mil milhões de USD a actividades REDD+. Em 2017, os projectos de alterações climáticas representavam aproximadamente 29% dos fundos acumulados, equivalentes a 4,7 mil milhões de USD, o que o define como uma importante fonte multilateral de financiamento para actividades relacionadas com as alterações climáticas (Bird, Watson e Schalatek 2017).

Um dos postulados do GEF é direcionar seus investimentos para promover mudanças transformadoras em sistemas que geram perdas ambientais como energia e alimentação (GEF 2020). No entanto, as decisões administrativas de coordenação de projectos são organizadas sem ter em conta as relações e realidades sociais do território onde são aplicadas; as práticas de produção "sustentáveis" concentram-se em territórios de paisagens produtivas onde não promovem mudanças na dinâmica do modelo de produção que está a ser desenvolvido (Ordenavía, Bernal e Narváez 2021).

O GEF, como ator político internacional dedicado ao financiamento ambiental, centra-se na conservação da biodiversidade com base numa lógica económica e concebe as suas estratégias de acordo com os seus interesses, que podem ou não coincidir com as prioridades ambientais dos países em que participa. Desenvolve as suas estratégias através de uma valorização da natureza como "prestadora de serviços ecossistémicos", razão pela qual os seus principais financiamentos estão orientados para a biodiversidade (Lorenzo 2016). A gestão do GEF tem estado sob o controlo do BM e das diretivas dos países doadores, com fortes restrições à informação, e esta conotação tem tido um grande impacto nos projectos onde o fundo intervém, externalizando os seus interesses económicos e subsidiando as corporações responsáveis pela poluição (Overbeek 2020).

4.3. Lições aprendidas com o financiamento do REDD+

Desde 2008, foram afectados 4 mil milhões de dólares aos fundos multilaterais para o clima para apoiar iniciativas REDD+. Apesar do grande interesse nos mecanismos de investimento baseados no mercado, o futuro é incerto. Desde o mesmo ano, foram afectados cumulativamente 2,4 mil milhões de USD a actividades REDD+, dos quais 260 milhões de USD foram aprovados em 2018. Os fundos multilaterais para o clima financiam continuamente projectos que apoiam a atenuação e a adaptação, tendo o GCF aprovado pelo menos cinco projectos relacionados com as florestas e a utilização dos solos.

Houve mudanças na estrutura do REDD+ e esforços crescentes para que os países em desenvolvimento adoptem programas de redução de GEE com PPR. O financiamento multilateral para a América Latina é registado em 1,2 mil milhões de dólares ou 52%, cerca de um terço do financiamento total aprovado está concentrado no Brasil com 34% (Watson e Schalatek 2019).

A Noruega é o maior contribuinte de financiamento para os fundos multilaterais destinados a actividades REDD+, contribuindo com 57% do montante total autorizado (Watson e Schalatek 2019). A Noruega contribuiu para a mitigação das alterações climáticas, investindo em mais de 40 países e em instituições influentes como o BM, o PNUD, a Organização das Nações Unidas para a Alimentação e a Agricultura (FAO), grupos de conservação e centros de investigação florestal; o seu investimento permitiu-lhe comprar o apoio destes sectores para o programa e garantir que o REDD+ fosse incluído no texto do AP em 2015 (Lovera-Bilderbeek 2019).

Os proprietários e utilizadores das florestas representam uma multiplicidade de actores, acções e interesses que, neste processo, foram conceptualizados como um grupo homogéneo, mas a realidade é diferente. A mesma conotação tem sido dada aos doadores que também respondem a uma variedade de interesses. A contribuição financeira do REDD+ é a PPR, uma fase complexa de implementar e cujos desafios se resumem em quem pagar (governos, empresas, povos indígenas, comunidades locais), em que condições, em troca de quê, e como estabelecer níveis de referência. Nesse sentido, não há uma metodologia definida para estimar os possíveis resultados, o que tem levado a diferentes entendimentos ou interpretações em função de interesses monetários, políticos e sociais, causando incertezas devido a informações tendenciosas e manipulações para ganhos pessoais (Angelsen, Hermansen, et al. 2019a).

Além disso, factores políticos dificultam o funcionamento dos PPR, o que tem levado a diferentes interpretações do que são os resultados. Embora os pagamentos sejam baseados em reduções comprovadas de emissões alcançadas no passado, os países beneficiários podem traduzi-los numa recompensa pelos seus esforços, enquanto os doadores esperam que estes recursos financeiros sejam reinvestidos em estratégias para reduzir as emissões de GEE no futuro (Angelsen, Hermansen, et al. 2019a).

Importa recordar que a alegada redução das emissões de GEE é "o resultado da comparação da taxa de desflorestação real com a linha de base, derivada de projecções hipotéticas de desflorestação futura ou de médias de emissões passadas durante períodos de pico de desflorestação" (Lohmann 2020). É provável que a comunicação das reduções de GEE continue a ser feita apenas em relatórios; os governos podem comunicar um período em que afirmam ter ocorrido reduções e estabelecer Níveis de Emissão de Referência Florestal (FREL) com os quais comparam a desflorestação, o que pode resultar em cálculos fraudulentos favoráveis ao país para obter PPR (Lohmann 2020).

A experiência de mais de uma década mostrou que as políticas adoptadas não visaram exclusivamente o PPR, os recursos serão disponibilizados se a floresta for destruída. O REDD+ acabou por ser um mecanismo mais abstrato, utilizando ferramentas de financiamento abstractas para mobilizar fundos para actividades que sequestram ou conservam as emissões de carbono em sistemas florestais e agrícolas, e promovem o comércio de serviços dos ecossistemas, tornando-se assim um promotor da inclusão das florestas nos mercados de carbono (Kill 2014).

A eficácia do mecanismo tem sido objeto de controvérsia porque não há forma de garantir a conservação das florestas de forma permanente (Lovera-Bilderbeek 2019). O argumento central é manter em pé as florestas que valem mais do que as derrubadas e que os pagamentos sejam feitos através de governos, ONGs e/ou empresas responsáveis pelo desmatamento e principais beneficiários do recebimento dos recursos destinados a evitar danos ambientais. Idealmente, estes fundos deveriam ir para os povos e comunidades indígenas que conservam a floresta já conservada e cujos direitos de governação não são reconhecidos. Diminuir os milhões de dólares gastos em consultorias que preparam metodologias, em empresários e ONGs conservacionistas que implementam intrincados planos REDD+, em iniciativas-piloto e projectos-modelo; enquanto outros são responsáveis por certificar as candidaturas dos primeiros consultores (Angelsen, Hermansen, et al. 2019a).

5. Mecanismo REDD+ Equador

O Equador é um dos países megadiversos reconhecidos a nível mundial. Graças à sua localização e às suas regiões geográficas, é um laboratório natural de investigação e fornecedor de alimentos, medicamentos e matérias-primas; concentra parte da rica biodiversidade mundial e alberga inúmeras espécies de flora e fauna. Com uma superfície total de 256 370 km2, incluindo zonas continentais e insulares. O Equador continental, devido à sua localização geográfica na Cordilheira dos Andes, está dividido por uma dupla cordilheira que define três regiões distintas: Costa, Serra e Amazónia; cada uma com uma grande variedade de climas, solos, paisagens e biodiversidade. A região continental é coberta por diferentes tipos de florestas cujas caraterísticas dependem do clima e do tipo de solo. A região insular tem uma extensão de 799.540 ha. de superfície terrestre, tem um grande número de animais e uma variedade de plantas endémicas que dependem da proximidade do mar, e é caracterizada por espécies terrestres e marinhas únicas (Ulloa e Sierra 2019).

Do mesmo modo, as condições naturais do Equador variam consoante o espaço, a altitude, as condições ambientais e as caraterísticas gerais dos seus ecossistemas. A diversidade da sua riqueza arbórea é grande e o impacto humano em cada uma das suas regiões tem sido grave. Por exemplo, estima-se que mais de 60% da área da Floresta Decídua Costeira tenha sido destruída pela atividade humana, principalmente a agricultura e a pecuária. Na Floresta Tropical de Chocó, a degradação antropogénica é elevada, com quase 75% da floresta destruída, sendo a região mais ameaçada pela desflorestação, com 74,1% de danos. A Floresta Piemontana Ocidental, no sopé ocidental dos Andes, foi desflorestada em 52,1%. A Floresta Montana Ocidental, localizada entre a bacia do rio Mira e as bacias dos rios Chanchán e Chimbo, quase metade da sua área também foi desflorestada (Ron 2020). Perante este problema, o Equador levou a cabo várias actividades de conservação das florestas e de redução dos GEE através de instrumentos como o PSB, o Plano Nacional de Mitigação, que faz parte da ENCC, e outros.

5.1. Breve descrição do Programa Socio Bosque

Enquanto o conceito de REDD+ estava a ser desenvolvido e negociado na CQNUAC, o Equador já estava a fazer esforços inovadores para manter a cobertura florestal através do PSB, agora um projeto com várias partes interessadas que visa conservar o valor ecológico, económico e cultural das florestas nativas, reduzir os GEE, fornecer recursos financeiros aos pobres rurais e manter os serviços ecossistémicos para além da captura e armazenamento de carbono. No âmbito deste regime, o governo deu prioridade a áreas para acordos de conservação (Guedez e Guay 2018). O PSB concentrou-se em garantir que a floresta mantivesse o seu carácter original e as suas funções ecológicas, tornando o Equador um dos países pioneiros na implementação de iniciativas de pagamento para a conservação das florestas na sua totalidade (Flores Aguilar, et al. 2018).

O PSB foi desenvolvido devido à importância das florestas nativas. Oitenta e oito por cento dos 1,3 Mha. incorporados no programa são propriedade dos povos participantes, comunidades indígenas e outros grupos colectivos. Foram incluídos parceiros individuais para aumentar a área sob conservação; no entanto, a falta de esclarecimento sobre a posse da terra dificultou a realização de projecções a longo prazo para incorporar mais hectares no programa de conservação (Ministério do Ambiente 2020).

Como resultado desta iniciativa, o Equador protegeu mais de 1,6 milhões de hectares, o que corresponde a 6,3 % da superfície do país e equivale a 10,7 % da área remanescente de florestas nativas e charnecas naturais existentes (PNUD 2019), tendo sido determinado que a PSB contribuiu para a diminuição da taxa de desflorestação a nível nacional (Ministério do Ambiente 2020).

Segundo informação oficial do PSB, em 2009 o país tinha uma cobertura florestal de aproximadamente 13.038.367 ha, o que representa 52% da superfície estimada de 24.836.000 ha, dos quais 80% se encontram na Região Amazónica, 13% na Costa e 7% na Serra, o que inclui vários tipos de floresta, entre eles: floresta tropical húmida, floresta montana, floresta andina de altitude e floresta seca. Em 2014, a superfície florestal atingiu 12.753.387 ha, ou seja, cerca de 51% da superfície do país, o que significa que se registou uma desflorestação líquida média de cerca de 47.497 ha/ano, o que é um valor significativo. Do total, cerca de 40 % são florestas existentes que estão dentro do Sistema Nacional de Áreas Protegidas (SNAP) e os restantes 60 % estão nas mãos de proprietários individuais, comunas e comunidades indígenas (Ministério do Ambiente 2019).

Em 2017, a superfície total das Áreas sob Conservação (ABC) da PSB atingiu um total de 1.629.678 ha, uma superfície relevante. Este esclarecimento é feito porque existe uma sobreposição de áreas de conservação de parceiros com áreas protegidas estaduais equivalente a 297.961,28 ha. Independentemente da sobreposição, o acordo dos parceiros que estão dentro de florestas protegidas ou áreas protegidas, o compromisso com a conservação é afirmado pelo incentivo que recebem (Ministério do Ambiente 2019).

O problema ainda maior é que, dentro das áreas protegidas, são realizadas actividades extractivas de recursos não renováveis como o petróleo, a mineração, a extração ilegal de madeira e até a desflorestação de mangais para a construção de tanques de criação de camarão, que têm afetado as reservas ecológicas de mangais e fauna bravia, sem ter em conta a proibição estabelecida na Constituição e na Lei de Florestas e Conservação de Áreas Naturais e Fauna Bravia (Moreano 2012). Os impactos ambientais das actividades extractivas inviabilizam qualquer outra atividade produtiva nas regiões afectadas, deslocando as populações e comunidades existentes, despojando-as dos seus meios de subsistência, cultura e modos de vida.

Através do PSB, o país conservou 1,6 Mha, embora isso ainda não seja suficiente. O Ministério do Ambiente, na qualidade de organismo intermediário, não cumpre o acordo de pagamento, regista atrasos e até falta de pagamento, o que constitui uma ameaça para os objectivos de conservação. O incumprimento pode aumentar o abate ilegal de árvores, a invasão de terras e a expansão ilegal da fronteira agrícola. O Estado deve cumprir os seus compromissos e resolver os problemas de sustentabilidade organizacional e financeira que ameaçam o programa (Montaño 2021).

Os incentivos como estratégia direta para a conservação das florestas colocam o PSB como o programa que paga um incentivo monetário (p/ha. semestral ou anualmente) aos proprietários florestais que desejam conservar as florestas através de um "acordo voluntário" e da assinatura de um contrato de vinte anos concebido em condições legais cuja rescisão antecipada está ligada a uma série de sanções penais, civis e administrativas (Granda e Yánez 2017).

Um dos requisitos para a inscrição na PSB é que as comunidades devem ser detentoras de títulos de terras comunais e parte do seu rendimento deve ser utilizado para demarcar e proteger as terras inscritas, incluindo a colocação de sinalização ou limites à volta da propriedade (Hayes, Murtinho e Hendrik 2017). Isto permitiu que o PSB reforçasse a segurança da posse e reduzisse os conflitos de terra, utilizando a demarcação ou definição dos limites da propriedade como uma ferramenta que influenciou a formalização da posse da terra (Jones, et al. 2020).

As comunidades e populações dependentes da floresta que decidem tornar-se parceiras comprometem-se a preservar o ecossistema intacto, podem extrair produtos para o seu auto-sustento mas não para comercialização, em caso algum podem limpar uma porção de floresta para plantação e devem cuidar das zonas de proteção, na prática tornam-se guardas florestais das suas florestas. No entanto, os contratos não proíbem a realização de actividades extractivas industriais, "se o Estado encontrar petróleo ou minerais em terras registadas no Socio Bosque, pode explorá-los sem impedimentos" (Moreano 2014).

Os pagamentos às comunidades pela conservação das florestas têm sido controversos, uma vez que a conservação é uma atividade inerente a essas comunidades e o resultado do seu trabalho são milhões de hectares de floresta em pé. O pagamento distorceu o significado da proteção dos seus meios de subsistência e monetarizou a natureza; em troca, as comunidades hipotecaram os seus territórios e puseram em risco a sua soberania alimentar. Além disso, os recursos económicos que recebem devem ser investidos em

projetos aprovados pelo Estado, por exemplo, em tarefas de controle e fiscalização, melhoria de infraestrutura comunitária, demarcação de limites e fomento produtivo, cujos resultados devem ser informados periodicamente. Por outro lado, havia acordos com risco de desmatamento mínimo e, em muitos casos, nulo, o que levava a crer que, sem o PSB, as florestas continuariam a ser conservadas sem a necessidade de recursos económicos para incentivá-las. [20]Esses resultados limitaram o alcance do programa com baixa adicionalidade (Castellano 2010).

Apesar das boas intenções do PSB, existem critérios diametralmente opostos. As organizações indígenas e ambientais do país manifestaram a sua preocupação com certas cláusulas sobre direitos colectivos nos acordos assinados. A PSB foi traduzida numa forma de tributação para a conservação dos recursos florestais sem reconhecer os direitos dos povos e comunidades indígenas à gestão sustentável desses recursos de acordo com as suas necessidades. Um grande número de obrigações em matéria de conservação e proteção dos ecossistemas está nas mãos das comunidades, enquanto o Ministério do Ambiente não tem qualquer obrigação em matéria de conservação e proteção das florestas, mas tem

---

[20] A adicionalidade define o risco de as reduções das emissões de carbono ocorrerem mesmo sem pagamentos (Atmadja e Louis 2012).

o poder de rescindir unilateralmente o acordo (Gonzáles 2011).

Se é verdade que a PSB reconhece o papel dos povos indígenas, comunidades e outras populações dependentes da floresta na conservação da biodiversidade e na proteção dos serviços dos ecossistemas, ela afecta os direitos colectivos ao limitar o acesso e o uso tradicional das florestas pelas comunidades, ameaçando ainda mais a sua sobrevivência. Para tal, é necessária uma estratégia abrangente que inclua um plano de trabalho em vários cenários nacionais e internacionais com o apoio de entidades comprometidas com os recursos naturais, os direitos humanos e a saúde do planeta (Warmikuna 2016).

RESULTADOS

INSUFICIÊNCIAS DO REDD+ EM TERMOS DE EFICÁCIA, EFICIÊNCIA E EQUIDADE

Este capítulo refere-se ao processo que o Equador levou a cabo para a implementação do mecanismo REDD+. Analisa a gestão dos projetos do Programa Integrado de Conservação Florestal e Produção Sustentável da Amazônia (PROAmazon) com fundos climáticos no âmbito da UNFCCC. Com a informação obtida através de entrevistas com académicos, especialistas ambientais e especialistas em financiamento climático, é feita uma avaliação da utilização dos fundos financeiros destinados ao REDD+ e os critérios 3E+ são avaliados através das variáveis selecionadas.

Financiamento climático no Equador

Em 2016, o Equador formalizou a fase de implementação do REDD+, o Ministério do Ambiente emitiu o Plano de Ação REDD+ Equador "Florestas para o Bem Viver" 2016-2025 (PA REDD+) como um conjunto de linhas estratégicas para promover acções de mitigação das alterações climáticas. [21][22]O mecanismo financia programas destinados a reduzir a desflorestação através de estratégias de avaliação e monitorização através dos Níveis de Referência de Emissões Florestais (NREF) , do Sistema de Monitorização, Reporte e Verificação (SMRV)

---

[21] Os Níveis de Emissão de Referência Florestal (FREL) são uma ferramenta metodológica a partir da qual a linha de base é estabelecida para contabilizar as emissões reduzidas da implementação do REDD+ (UNEP 2018b).

[22] O Sistema de Informação de Salvaguardas (SIS) é o mecanismo através do qual a implementação de salvaguardas sociais e ambientais no terreno é comunicada, abordada e respeitada (PNUA 2018b).

e do Sistema de Informação de Salvaguardas (SIS) (Ministério do Ambiente 2019b).

Na elaboração do PA REDD+, destacam-se duas fontes de financiamento para projetos ambientais. A primeira com recursos de fundos de cooperação internacional e climáticos para o Programa Integrado de Conservação Florestal e Produção Sustentável da Amazônia (PROAmazonla), Pagamento por Resultados (PPR) e Programa REDD+ Early Movers (REM); e a segunda com recursos fiscais para o Programa Socioambiental (PSB), Agenda de Transformação Produtiva da Amazônia (ATPA), Controle Florestal e Projeto de Restauração (Ministério do Meio Ambiente 2019b).

Em 2017, sob a iniciativa do Ministério do Meio Ambiente, do Ministério da Agricultura e Pecuária (MAG), do PNUD e com financiamento dos fundos GCF e GEF, o PROAmazonla foi implementado como uma iniciativa governamental cujo compromisso é implementar ações e políticas ambientais para reduzir o desmatamento e promover a gestão sustentável e integrada dos recursos naturais. O PNUD é responsável pela gestão financeira dos recursos dos fundos devido à sua experiência na administração, assistência técnica e execução dos projetos. O PROAmazonla visa vincular os esforços nacionais para reduzir os GEE do desmatamento, o crescimento da fronteira agropecuária, fortalecer os esforços de mitigação, adaptação e proteção florestal, reduzir os níveis de pobreza e alcançar o desenvolvimento humano sustentável (PROAmazonla 2021a).

[23]O PROAmazon trabalha na Amazónia Setentrional em 25 paisagens de 8 províncias: cinco paisagens em Sucumblos, cinco em Orellana, cinco em Morona Santiago, quatro em Pastaza, duas em Zamora Chinchipe, duas em Loja, uma em Napo e uma em El Oro. Os critérios de priorização para a definição dessas paisagens estão relacionados a áreas com maior risco de desmatamento, áreas de importância para a manutenção dos recursos hídricos e da biodiversidade (conetividade) e áreas de importância para a redução da pobreza e diversificação da economia rural (PROAmazon 2021a).

O PROAmazonia foi financiado com fundos não reembolsáveis do GCF e GEF até 2023 e tem um orçamento total de USD 145,8 milhões. Destes, USD 53,6 milhões foram entregues em dinheiro e USD 92,2 milhões foram colocados como contrapartida em espécie (salários e vencimentos, pagamento a beneficiários do PSB, arrendamentos, equipamentos e insumos) (PROAmazonía 2021a).

Segundo Patricia Serrano, gerente do PROAmazon, ela sustenta que: "o programa visa a convergência da agenda ambiental e produtiva do país para gerar oportunidades e promover a participação plena e efetiva dos povos e comunidades indígenas, mulheres e jovens nos processos de tomada de decisão voltados para a sustentabilidade" (P2). Enfatiza que na estratégia financeira do PA REDD+: "existe uma lacuna financeira

[23] "Paisagem é qualquer parte do território tal como é percebida pela população, cujo carácter é o resultado da ação e interação de factores naturais e/ou humanos. Cada um dos atributos que compõem uma paisagem pode ser classificado por elementos bióticos, como vegetação, fauna, uso do solo, relevo, água, etc. É a combinação de todos eles que dá forma à paisagem" (PNUMA 2018).

para implementar todo o plano, o PROAmazon implementa parte do plano" (P2) mas são necessários mais recursos financeiros, outras alternativas devem ser buscadas para alavancar mais fundos climáticos para continuar com o plano (P2).

Francisco Moscoso, Especialista Técnico em Monitoramento e Acompanhamento do PROAmazon, acrescenta que os fundos obtidos dos orçamentos comprometidos, tanto os financiados pela cooperação internacional quanto a execução orçamentária com recursos fiscais para o período 2020-2025, determinaram que: "a lacuna de financiamento é de aproximadamente USD 333 milhões, o que representa mais da metade do custo total do PA REDD+, que é de aproximadamente USD 670 milhões para esse período" (P1). Do lado da NDC, o cenário condicional é o plano, pelo que é necessário gerir o financiamento por todos os meios para cumprir as metas estabelecidas: "temos de trabalhar na sustentabilidade económica para continuar com as acções, esta é uma das razões pelas quais os governos locais estão a ser incluídos na implementação do REDD+" (P1). É o caso do governo provincial de Pastaza, que elaborou o seu plano provincial de implementação ancorado no PA REDD+ e integrou o grupo de trabalho sobre o clima (P1).

2. Fundos no âmbito da UNFCCC

A contribuição do GCF destina-se a cofinanciar o PA REDD+ como um conjunto de linhas estratégicas para promover acções de mitigação das alterações climáticas. Com cerca de 26% do orçamento, ajuda a garantir que os instrumentos financeiros estão alinhados com os objectivos do PA REDD+ e a controlar a expansão agrícola nas zonas florestais (GCF 2020).

Os fundos destinam-se ao projeto "Promoção de instrumentos financeiros e de ordenamento do território para a redução das emissões e da desflorestação", que tem um montante aprovado de 41,2 milhões de dólares. O plano de financiamento do projeto é apresentado no Quadro 2. O investimento do GCF cobre 16,4% das necessidades financeiras do projeto (GCF 2020).

Plan de Financiamiento GCF

FINANCIAMIENTO	MONTO	MONTO TOTAL
GCF Fondo Fiduciario		41.172.739
Cofinanciamiento Total		42.835.908
Ministerio del Ambiente	31.755.550	
Ministerio de Agricultura	8.490.000	
FAO	820.900	
PNUD	1.769.458	
MONTO TOTAL		84.008.647

Quadro 2: Plano de financiamento do GCF
Fonte: GCF 2020a
Elaboração própria

O fundo GEF, através da articulação de políticas intersectoriais e governamentais, atribui o seu investimento ao projeto denominado "Gestão integrada de paisagens de uso múltiplo e alto valor de conservação para o desenvolvimento sustentável da região amazónica equatoriana". O projeto tem um montante aprovado de 12,5 milhões de dólares e é implementado através de um trabalho coordenado entre o MAATE e o MAG, com um calendário de 2017 a 2023. O plano de financiamento do projeto financiado pelo GEF é apresentado na Tabela 3 (GEF 2019).

O investimento do fundo GEF para o projeto é de 12,5 milhões de dólares, acrescido de uma contribuição paralela de 49,3 milhões de dólares do governo, do PNUD, de ONG, do sector privado, do meio académico e do Banco Internacional de Desenvolvimento, num total de 61,8 milhões de dólares. O cumprimento do cofinanciamento é monitorizado pelo PNUD e comunicado ao GEF (GEF 2019).

Plan de Financiamiento GEF

FINANCIAMIENTO	MONTO	MONTO TOTAL
GEF Fondo Fiduciario		12.462.500
Cofinanciamiento Total		49.338.351
Gobierno	34.347.440	
PNUD	1.000.629	
ONG	3.600.000	
Sector Privado	1.986.008	
Academia	4.453.804	
Banca de Desarrollo Internacional	3.950.470	
MONTO TOTAL		61.800.901

Quadro 3: Plano de financiamento do GEF
Fonte: GEF 2019
Elaboração própria

A partir de 2020, o PROAmazonia intensificou suas ações no território, superando os obstáculos causados pela pandemia, a fim de alcançar as conquistas estabelecidas. Inicialmente, o orçamento do Programa foi estruturado por componentes, mas desde 2022 foram feitas modificações para desagregar os orçamentos e tornar as intervenções visíveis por províncias.

David Romo, diretor do Programa de Diversidade Étnica da Universidad San Francisco de Quito USFQ, afirma que as actividades abrangidas pelo projeto requerem um elevado investimento financeiro e que existe um fosso entre os orçamentos programados, executados e autorizados: "desde o início do projeto, a gestão tem sido lenta, o processo de aprovação demorou muito tempo desde junho de 2017 até ao primeiro trimestre de 2018" (A2). Além disso, acrescenta que a sustentabilidade do projeto é intermédia, tendo em conta a situação económica e os riscos políticos e sociais no país: "não há capacitação do programa por parte dos ministérios, o que tem sido uma desvantagem para a obtenção dos resultados" (A2).

3. Variáveis de análise

O REDD+ entre seus objetivos busca reduzir as emissões de GEE ao menor custo possível e contribuir para o desenvolvimento sustentável, com essa premissa, é possível avaliar o mecanismo considerando esses três critérios, se o REDD+ está atingindo os objetivos de redução de emissões de GEE - eficácia, se esse objetivo foi atingido a um custo mínimo - eficiência, quais são as consequências em termos de distribuição e co-benefícios - equidade (Angelsen e Wertz-

Kanounnikoff 2009), e quais são as consequências em termos de distribuição e co-benefícios - equidade (Angelsen e Wertz-Kanounnikoff 2009). Para responder a estas questões, o âmbito dos critérios 3E+ precisa de ser mais elaborado.

De acordo com Arild Angelsen, Professor de Economia na Universidade Norueguesa de Ciências da Vida (NMBU): "Poucos estudos analisam o impacto das iniciativas locais de REDD+ nas florestas devido aos desafios financeiros, metodológicos, políticos e de informação e à necessidade de avaliar os 3E+. Os projectos e programas locais de REDD+ incluem frequentemente uma combinação de intervenções através de incentivos e medidas de apoio" (A1). Acrescenta ainda que: "Os incentivos são utilizados para reduzir a desflorestação, enquanto as medidas de apoio - condicionadas ou não aos resultados - são utilizadas para ajudar a minimizar os compromissos entre os resultados em termos de carbono e de bem-estar" (A1).

Para a avaliação do financiamento climático de projectos REDD+ do Equador segundo os critérios 3E+, a investigação baseou-se em: 1. taxa de desflorestação para avaliar a eficácia e a eficiência; 2. participação das partes interessadas; e 3. posse da terra para avaliar a equidade.

3.1. Taxa de desflorestação

Os resultados da desflorestação e da regeneração florestal (quadro 4), com base em dados médios históricos e taxas anuais, mostram que a desflorestação líquida (diferença entre a desflorestação bruta e a regeneração) diminuiu no período 1990-2018; no entanto, no período 2018-2022, aumentou significativamente.

Tabla4. Cobertura vegetal y la tasa de deforestación 1990-2022

AÑO	DEFORESTACIÓN BRUTA ANUAL PROMEDIO (ha/Año)	REGENERACIÓN BRUTA ANUAL PROMEDIO (ha/Año)	DEFORESTACIÓN NETA ANUAL PROMEDIO (ha/Año)	TASA ANUAL DE DEFORESTACIÓN BRUTA (%)	TASA ANUAL DE DEFORESTACIÓN NETA (%)
1990-2000	129.943	37.201	92.742	-0.93	-0.65
2000-2008	108.666	30.918	77.748	-0.82	-0.58
2008-2014	97.918	50.421	47.497	-0.77	-0.37
2014-2016	94.353	33.241	61.112	-0.74	-0.48
2016-2018	82.529	24.100	58.429	-0.66	-0.46
2018-2020	91.692	4.158	87.535	-0.75	-0.76
2020-2022	95.570	2.547	93.023	-0.78	-0.76

Quadro 4: Coberto vegetal e taxa de desflorestação 1990-2022
Fonte: MAATE 2022
Elaboração própria

A nível regional, estes valores em termos de área total desflorestada colocam o país em quinto lugar, depois do Brasil, Bolívia, Peru e Colômbia. Devido à sua dimensão territorial, o Equador está a perder as suas florestas a um ritmo mais acelerado devido à expansão da fronteira agrícola e pecuária, ao desenvolvimento de infra-estruturas, à exploração mineira e de hidrocarbonetos e à extração de recursos madeireiros (Paz Cardona 2022).

No Equador, mais de 50 % das florestas estão localizadas na Amazónia Central, na costa norte e noutras zonas tropicais (Ministério do Ambiente 2020a). Em 2018, a região natural menos desflorestada era a região amazónica, com um remanescente de cerca de 83 % da área florestal original, cerca de 48 % da área florestal natural original permaneceu na região andina e cerca de 27 % do remanescente original foi registado na costa (Sierra, Calva e Guevara 2021).

Os principais focos de desflorestação situam-se no Chocó-Darién e na bacia do Amazonas. O Chocó-Darién, conhecido por ser uma das áreas mais ricas em biodiversidade e por ter uma elevada taxa de endemismo, está altamente desflorestado no lado equatoriano (Fagua, Baggio e Ramsey 2019). A Amazónia Central, em comparação com Chocó-Darién, tem uma taxa de desflorestação mais baixa, apesar de também ter sofrido um declínio constante das suas florestas (Ministério do Ambiente 2020a). É igualmente preocupante a taxa de desflorestação de algumas áreas protegidas, como por exemplo a reserva ecológica de Mache-Chindul, situada na costa equatoriana, que perdeu 39% das suas florestas. Se a taxa atual de desflorestação continuar, áreas significativas da floresta original terão sido perdidas dentro de trinta anos (Paz Cardona 2019).

Apenas duas das seis províncias amazónicas do país representam 46%, o que corresponde a 287 000 hectares de toda a desflorestação detectada entre 2001 e 2020. Em Morona Santiago, perdeu-se mais de 25 % da floresta, o que representa 158.000 hectares, e em Sucumbíos cerca de 21 %, equivalente a 129.000 hectares. Em ambas as províncias existe a presença de actividades extractivas como a mineração e os hidrocarbonetos. Se o ritmo atual de desflorestação se mantiver, dentro de trinta anos terão sido perdidas áreas significativas de floresta original (Paz Cardona 2022).

Manuel Shiguango, técnico territorial da CONFENIAE/ONU REDD+, diz que uma das preocupações do projeto financiado pelo GEF é:

> A ênfase colocada na transformação do sector produtivo através de práticas sustentáveis de gestão florestal, que tipo de práticas sustentáveis se pretende introduzir? Trata-se de plantações de árvores, com base em espécies de

crescimento rápido como o eucalipto, a palma, a soja e as monoculturas? (C1).

Acrescenta que é necessário trabalhar para restaurar as funções ecológicas das florestas: "a questão que falta é a necessidade de reduzir o consumo excessivo e a produção industrial de monoculturas para exportação, com consequências graves para as populações, as comunidades e as florestas" (C1). Acrescenta que a desflorestação e as emissões de gases com efeito de estufa continuarão se o financiamento continuar a ser canalizado para a transformação do uso do solo em paisagens selecionadas, causando mais danos às populações, às comunidades e aos pequenos agricultores (C1).

Neste contexto, de acordo com Cristina Garcia, responsável pelo Programa de Florestas e Água do WWF, "medir a eficácia e a eficiência dos projectos financiados pelo GCF e pelo GEF nas taxas de desflorestação é complicado" (O2). O NREF está a ser revisto, tal como os resultados oficiais da dinâmica da desflorestação para o período 2015-2018. Acrescenta que: "A redução de GEE é um processo complexo que envolve questões políticas, económicas, administrativas, técnicas, sociais e outras; não é um programa de infra-estruturas" (O2). Os resultados mais equitativos e duradouros são aqueles em que as populações locais participam na conceção e na execução do programa REDD+ (O2).

Patricia Serrano acrescenta que outro fator que tem dificultado a medição da eficácia e eficiência da taxa de desmatamento é que o sistema de monitoramento é calculado em nível nacional e não por projetos ou áreas, pois o sistema de monitoramento florestal é nacional.

Diante disso: "O PROAmazon em coordenação com o MAATE está elaborando uma estimativa aproximada do desmatamento anual nacional" (P2).

Diante do exposto, é evidente que os fundos REDD+ não são eficazes nem eficientes, seja qual for a sua origem, sejam doações, subvenções, conversões de dívida ou cooperação internacional, pois não conseguiram reduzir a desflorestação para os níveis esperados. Embora seja verdade que houve uma diminuição da taxa de desmatamento até 2018, no entanto, com os projetos sendo implementados, a taxa de desmatamento aumentou de 2018 a 2022. O REDD+ não conseguiu resolver o problema que era suposto resolver: reduzir a desflorestação, promover a conservação e a gestão e utilização sustentável dos recursos florestais do país.

3.2. Participação das partes interessadas

Há mais de uma década que o país tem vindo a trabalhar na preservação dos seus recursos naturais, na orientação e visão das políticas públicas através de instrumentos de gestão e conservação das florestas, de forma a garantir o direito de viver bem num ambiente saudável e ecologicamente equilibrado aos seus povos e comunidades locais e à sociedade em geral. Para o efeito, o governo, através do MAATE, dirige os seus esforços através da Direção Nacional de Florestas para o cumprimento da lei, garantindo a gestão sustentável das florestas e das actividades relacionadas com a exploração e comercialização dos seus recursos naturais (Ministério do Ambiente 2011).

O objetivo é conseguir uma governação eficiente que se concentre na manutenção e recuperação de bens e serviços ambientais com vista à conservação dos ecossistemas florestais e da biodiversidade. O diálogo multissectorial e a divulgação contínua de informação são necessários, não só para conseguir a apropriação dos projectos e a integração dos diferentes actores, mas também para manter a transparência no acesso à informação sobre todos os processos (Ministério do Ambiente 2011).

Foram gerados processos de construção conjunta com a participação de representantes de diferentes sectores; estes contributos reflectem-se em instrumentos de planeamento e políticas públicas como o Código Orgânico do Ambiente (COA), a Estratégia Nacional para as Alterações Climáticas 2012-2015 (ENCC), a Avaliação Nacional das Florestas (ENF), a Estratégia Territorial Nacional (ETN) e o PA REDD+ (Ministério do Ambiente 2019a).

A governança ambiental é complexa e se dá pela pluralidade de instituições com diferentes níveis de legalização, adesão, escopo jurisdicional e até mesmo com diferentes graus de relacionamento entre elas. Portanto, a complexidade da governança dos países também se manifesta no REDD+, dificultando a quantificação e qualificação da eficiência e equidade (Fariborz, Nielsen e Dubber 2019). O quadro institucional e o sistema de governança são dois parâmetros que determinam vantagens ou limitações na aplicação dos critérios 3E+ (Kambire et al. 2016). Por exemplo, mais instituições e processos podem levar a mais plataformas para inclusão, mas podem aumentar as lacunas de coordenação (Zürn 2018). A governação do REDD+ é um sistema de interação sobre alterações climáticas, biodiversidade, silvicultura e desenvolvimento sustentável; o mecanismo proporciona um nexo em que várias instituições de diferentes áreas colaboram ou competem para estabelecer regras, financiamento, implementação e sistemas de avaliação (Gupta, Pistorius e Vijge 2016).

Nesse contexto, o governo deve reajustar sua interação para alcançar os resultados planejados. Para o REDD+, as políticas ambientais requerem apropriação nacional e processos políticos inclusivos através de uma definição clara da estrutura de governação face aos interesses que impulsionam a desflorestação (Wong, Luttrell, et al. 2019). Tais factores não foram claramente desenvolvidos no país devido à falta de políticas claras, à falta de apropriação nacional, a processos políticos complexos que não estão enraizados em questões sociais e ambientais e que não foram desenvolvidos tendo em conta os grupos vulneráveis.

Os projetos no âmbito do mecanismo de REDD+ são canalizados considerando o quadro institucional e a governança florestal. O desenho do PROAmazon tem o desafio de integrar o trabalho organizacional dos dois Ministérios com o apoio do PNUD (GEF 2020a). A gestão florestal não depende do PROAmazon, ela está sob o controle do MAATE e em paralelo com outras entidades e atores que atuam no processo de planejamento e execução das práticas dos ecossistemas florestais, que são os que compõem a Mesa de Trabalho de REDD+ (PROAmazon 2021).

3.2.1 Mesa de trabalho REDD+

[24]Em 2012, foi criado o MdT, composto por 41 organizações (Anexo 2), como uma plataforma nacional de diálogo, envolvimento, participação, deliberação, consulta e acompanhamento dos principais atores, cuja função é acompanhar a implementação das medidas e ações de REDD+ no Equador. Foi institucionalizada pelo MAATE no ano de

[25]2017 para garantir que as fases de preparação e implementação de REDD+ considerem as visões e contribuições de todas as partes interessadas, tanto aquelas com direitos de exploração florestal quanto os vetores diretos e subjacentes do desmatamento e degradação florestal. O escopo do MdT visa a implementação de políticas e ações de REDD+, salvaguardas sociais e ambientais (SSA) e prestação de contas e acesso à informação sobre o progresso do projeto (PROAmazon 2021a).

Durante o terceiro período de funcionamento do MdT, este se reuniu 12 vezes de acordo com o modelo de governança; no entanto, os territórios onde os projetos intervêm apresentam problemas que precisam ser resolvidos, como a falta de transparência nas informações sobre as atividades. A inclusão comunitária não tem sido desenvolvida de forma efetiva e equitativa, sendo necessário um trabalho conjunto com o

[24] O MoT teve início há 10 anos. De 2013 a 2015 foi o primeiro período, de 2016 a 2019 o segundo e de 2020 a 2023 o terceiro.

[25] Na altura da pesquisa, o MoWM estava no seu terceiro período de funcionamento. Reuniu-se 12 vezes de acordo com o modelo de governação, obtendo vários contributos que reforçaram a implementação do REDD+ a nível nacional (Ministério do Ambiente 2023).

PROAmazon (G1).

As alianças entre os atores envolvidos nos processos sociais, técnicos e políticos devem ser fortalecidas, principalmente com as lideranças comunitárias, mulheres e jovens, visando o bem comum através de espaços de articulação organizacional e territorial. Esses espaços de articulação são fundamentais para desenvolver estratégias, evitar conflitos e contribuir para a promoção de um manejo florestal positivo de acordo com a realidade comunitária, comprometido com os processos ambientais de médio e longo prazo, projetando a sustentabilidade após o encerramento do PROAmazônia (O1).

Os territórios onde os projectos intervêm apresentam problemas que precisam de ser resolvidos: "enquanto não houver transparência na informação sobre as actividades do MdT, não é possível fazer um julgamento sobre o trabalho que realizam" (G1). Por exemplo, espera-se que, através da proposta do Plano de Educação Ambiental na província de Pastaza, os participantes sejam motivados a tomar consciência de uma educação florestal orientada para o bem comum, a proteção e a boa utilização dos recursos florestais. É necessário aprofundar esta questão, a inclusão comunitária não tem sido desenvolvida de forma efectiva e equitativa, e é necessário trabalhar em conjunto com o PROAmazonia (G1).

Por outro lado, o PROAmazoma conta com o apoio do MAATE, do MAG e dos governos locais que estão estrategicamente alinhados com a visão dos projetos sobre as questões de produção sustentável; no entanto, negligenciam a participação das aldeias e comunidades. Foi observado que: "grande parte do trabalho é concentrado na parte administrativa, enquanto as questões essenciais, técnicas e estratégicas que deveriam ter mais atenção são pouco atendidas" (O1). Considera também que o PROAmazoma tem um grande desafio de resolver os SSAs, os planos de distribuição de benefícios e os processos participativos que, se não forem cumpridos, podem refletir um enfraquecimento dos objetivos sociais do programa (O1).

Da mesma forma, Jaime Toro refere que "dentro da estrutura organizacional do PROAmazonia, a gestão ao nível provincial apresenta uma governação fraca e concentrada" (O3). Os factores ambientais, sociais e técnicos devem ser avaliados e integrados, as necessidades locais devem ser focadas e devem ser redesenhados planos florestais mais sólidos e equitativos. O papel do PNUD centra-se mais nas questões administrativas e menos nas questões técnicas, deixando de lado a natureza, os povos indígenas e as comunidades. Acrescenta que os ministérios sectoriais devem trabalhar em coordenação para reforçar o trabalho do programa, a fim de garantir uma gestão de qualidade e, consequentemente, a obtenção de resultados. Além disso: "existem outras limitações estruturais, como os curtos períodos de execução dos projectos, a falta de uma metodologia concebida pelo próprio mecanismo, o mau hábito hierárquico de não prestar contas, etc." (O3). Sugere-se que a análise dos aspectos técnicos pelas equipas responsáveis dos ministérios seja efectuada rapidamente, de modo a que os relatórios sejam apresentados em tempo útil e a execução das actividades demore menos tempo do que o previsto (O3) ( ).

Os resultados das reuniões do MoWM parecem confirmar que os seus membros estão a trabalhar em coordenação com as actividades levadas a cabo através dos projectos REDD+. Deve ser elaborado um plano de ação para travar a destruição causada pela desflorestação na sequência da expansão das monoculturas agrícolas industriais, da pecuária industrial nas florestas, das culturas de rendimento e de outras actividades que são apoiadas por corporações alimentares globais através da ligação a padrões de certificação promovidos pelo REDD+ (O1).

3.2.1. Povos e comunidades indígenas

O Equador tem povos e comunidades indígenas entre a sua população, com maior presença na região amazónica e nas terras altas. O termo Nacionalidade é definido como um "conjunto de povos milenares que precederam e constituíram o Estado equatoriano, que se definem como tal, que têm uma identidade histórica, língua e cultura comuns, que vivem num determinado território através das suas instituições e formas tradicionais de organização social, económica, jurídica e política e de exercício da autoridade" (INEC 2006). Os povos indígenas são definidos como "colectividades originárias, constituídas por comunidades ou núcleos com identidades culturais que os distinguem de outros sectores da sociedade equatoriana, regidos por sistemas próprios de organização social, económica, política e jurídica" (INEC 2006).

Cada povo e nacionalidade indígena expressa sua visão de mundo em estreita relação com seu habitat, florestas e recursos naturais. Na formulação das políticas de REDD+, geralmente é enfatizado o conceito de comunidades como beneficiárias do mecanismo e agentes de sua implementação; portanto, as medidas e ações do mecanismo consideram os valores culturais, os conhecimentos ancestrais e as atividades produtivas tradicionais das comunidades, povos e nacionalidades (Ministério do Meio Ambiente 2016). Neste esquema, o PA REDD+ é construído dentro de um processo de diálogo e participação dos *actores* nacionais, provinciais, cantonais e locais, considerando a diversidade ambiental e cultural do país (Ministério do Ambiente 2019c).

De acordo com David Yedra, o desenvolvimento produtivo sustentável requer o fortalecimento e a melhoria da cadeia produtiva das comunidades, para o que é necessária formação em diferentes questões de produção, tais como a utilização de fertilizantes, as épocas de colheita e a posse das matérias-primas e dos factores de produção necessários até ao produto final e à comercialização, sendo esta a cadeia de produção em que os projectos devem trabalhar, uma vez que estes processos exigem recursos financeiros (G1).

Patricia Serrano acrescenta que o PROAmazonía assinou um acordo com a Confederação das Nacionalidades Indígenas da Amazónia Equatoriana (CONFENIAE) para a implementação dos projectos através do envolvimento das comunidades, as convocatórias são feitas através da CONFENIAE como canal oficial de participação: "atualmente os projectos estão a trabalhar em cinco planos de vida para as comunidades que são traduzidos para a sua língua, com o objetivo de gerar um processo participativo em conformidade com os SSA, dando prioridade à participação das mulheres" (P2).

A implementação de projectos REDD+ gerou opiniões divididas em relação aos direitos das comunidades indígenas. Embora os projectos tenham feito alguns progressos através da capacitação técnica nos GADs, permitiram que as organizações indígenas e comunitárias evidenciassem a sua presença como actores participativos nos processos de desflorestação e conservação através dos SSAs; no entanto, a implementação dos projectos não tem sido eficiente ou equitativa no planeamento e otimização dos fundos para apoiar a conservação, restauração e produção sustentável em áreas adequadas de terras comunitárias. Falta agilidade na coordenação das ações dos Ministérios responsáveis pelo direcionamento dos recursos para tornar transparentes os direitos das comunidades com efetiva participação e consulta na regularização de seus direitos fundiários, entre outros. Os representantes indígenas consideram que a maior parte dos recursos financeiros tem sido canalizada para os GADs, ONGs e consultores, o que tem impedido que os benefícios cheguem aos povos e comunidades indígenas como atores da proteção florestal (Aldea 2019).

A participação dos povos e comunidades indígenas, devido à falta de conhecimento sobre o SSA REDD+, tem tido limitações que devem ser superadas através de processos participativos que envolvam a sua presença através de diálogos, material didático de fácil divulgação de acordo com a sua língua, que articule e fortaleça as organizações comunitárias dentro da sua visão do mundo e interação com a natureza, o que requer coordenação, envolvimento, acompanhamento contínuo e uma equipa de técnicos responsáveis que se apropriem do processo

(Suárez 2017).

O REDD+ criou expectativas entre os povos indígenas e as comunidades ao anunciar que combateria o problema da desflorestação, melhoraria a gestão florestal, garantiria a participação local, melhoraria os seus rendimentos e até protegeria a implementação de direitos territoriais. Na prática, porém, o mecanismo beneficiou um grupo de actores, expandindo a lógica do preço da natureza, reduzindo o problema da desflorestação à monitorização e comercialização do CO_2, adaptando as expectativas locais de forma instrumental, despolitizando e camuflando as relações de poder entre os actores envolvidos e enfraquecendo as prioridades a resolver, como a posse da terra e os direitos indígenas (Vásquez 2013). O mecanismo não é da iniciativa das comunidades, nem atenuou as necessidades e ameaças que enfrentam; receberam promessas de benefícios e emprego, mas o que receberam foi assédio, restrições ao uso da terra e a inculpação de serem responsáveis pela desflorestação (Kill 2017).

Segundo Duval Llaguno: "um dos maiores problemas dos povos e comunidades indígenas são as suas difíceis condições de vida, a falta de oportunidades e de incentivos económicos que os ajudem a emergir, o que motivou a necessidade de expandir a sua fronteira agrícola em territórios tradicionalmente destinados à conservação" (B1).

As críticas ao REDD+ surgiram porque desde o início e no processo de construção, os recursos financeiros foram alocados para definir o NREF, SMRV e SSA, negligenciando a participação e consulta dos povos indígenas e comunidades como actores relevantes. "As comunidades têm manifestado o seu desacordo com a gestão do REDD+ porque são elas que cuidam das florestas e não recebem a ajuda necessária para as conservar" (O2).

3.2.2. Posse de terra

A posse da terra é importante no planeamento e implementação do REDD+, pois é a base sobre a qual se constrói a partilha de benefícios e a implementação do projeto. O REDD+ promove o investimento e o manejo florestal em áreas geralmente distantes dos centros urbanos e em locais de difícil acesso. A falta de segurança jurídica da posse da terra é um dos principais obstáculos ao investimento no mecanismo. Esclarecer e fornecer segurança sobre os direitos de posse da terra é o primeiro passo no processo de preparação para o REDD+ (FAO 2016).

A gestão da posse requer uma política pública abrangente e uma ação a longo prazo que inclua recursos técnicos, jurídicos e financeiros, bem como a participação de várias partes interessadas para colaborar na legalização (Hayes, Murtinho e Hendrik 2017). A lei florestal não permite a existência de propriedade privada dentro das áreas de proteção, património florestal ou floresta de proteção que tenham sido declaradas em documentos. Esta disposição foi adoptada sem ter em conta a participação dos povos e comunidades indígenas. Por esta razão, a sobreposição de áreas protegidas e a falta de reconhecimento por parte das organizações indígenas de algumas áreas protegidas levou a reivindicações de autonomia na gestão dos seus territórios, dado que muitas delas eram habitadas por povos e comunidades indígenas antes de serem declaradas áreas protegidas (Moreano 2012).

A iniquidade, ilegalidade e desigualdade na posse da terra é um problema crítico no país e um dos mais elevados da América Latina, considerando a dimensão em comparação com outros países da região. O coeficiente de Gini utilizado para medir a desigualdade no acesso aos recursos fundiários é de 0,81, o que é um resultado preocupante (León e Rivera 2020).

A posse da terra é uma questão controversa. Nas áreas protegidas existem fazendas que possuem títulos de terra, o que é um problema a ser resolvido: "os proprietários dessas áreas continuam a trabalhar sem considerar que são áreas protegidas, geralmente isso é observado na região serrana. Uma situação semelhante ocorre com áreas das comunidades amazónicas que foram declaradas áreas protegidas e de conservação, como o Parque Yasuní, onde estão a ser realizadas concessões petrolíferas" (A2). Há ainda um trabalho a ser feito que deverá ser resolvido pelos governos no poder (A2).

Além disso, a posse da terra tem sido associada a outros factores condicionantes, como a exploração petrolífera e mineira, que alteraram o uso do solo na região amazónica e são uma causa de desflorestação e deterioração ambiental. A desigualdade, a ilegalidade, a insegurança e a falta de transparência na posse da terra têm sido factores condicionantes da vulnerabilidade, um fenómeno eminentemente social que afecta os povos e comunidades indígenas e o desenvolvimento sustentável do país (León e Rivera 2020). Segundo Patricia Serrano: "a posse da terra não é uma das principais linhas de ação do PROAmazon" (P2). Nos projetos financiados com recursos do GCF e GEF estabelecidos no PA REDD+, o pré-requisito para acessar os benefícios é que a terra seja titulada ou que a terra tenha sido saneada (P2).

É evidente que, nos últimos anos, os projectos REDD+ não defenderam, e muito menos reforçaram, os direitos dos povos, das comunidades indígenas e de outras populações dependentes da floresta; pelo contrário, estabeleceram novos feixes de direitos de propriedade a favor de vários actores poderosos (Cabello 2014).

Desde 2008, foram criadas três políticas fundiárias consecutivas: o Plano Haciendas em 2008, o Plano Tierras em 2009-2013 e o Plano de Acesso à Terra para Agricultores Familiares e Legalização em Massa no Território Equatoriano (ATLM) em 2018. No entanto, no contexto de instabilidade social e política que tem marcado o país, a sua aplicação tem sido ineficaz e injusta devido a factores como: a participação limitada dos actores envolvidos, o conhecimento limitado do território, a falta de estudos de viabilidade, o cálculo impreciso do preço por hectare, a escassez de informações fiáveis sobre o número de áreas afectadas e de famílias envolvidas, a falta de avaliação da capacidade de pagamento dos beneficiários, a imprecisão das áreas atribuídas a cada família, o acesso restrito ao crédito e à irrigação, entre outros. Isso tem dificultado o andamento do processo de titulação das propriedades, que é um trabalho em andamento. Até à data, a realidade é uma elevada percentagem de pequenas parcelas e uma luta constante das diferentes identidades culturais para concretizar os seus direitos reconhecidos à terra.

Há cerca de 200 mil famílias no país que não têm segurança da posse da terra e são constantemente ameaçadas pela expansão das actividades extractivas, petrolíferas e mineiras que excluem a soberania dos povos e comunidades indígenas (Ramos, 2022). Além disso, a complexidade e o alto custo monetário dos protocolos de regularização dificultam a obtenção de títulos de terra. Do mesmo modo, a titulação de terras em áreas protegidas é um problema crítico devido à falta de procedimentos de informação fiáveis, a sistemas de delimitação física limitados e à presença de mecanismos de registo que causam uma baixa eficácia na sua gestão e aplicação. A resolução dos problemas de posse da terra é uma tarefa que os governos no poder devem resolver, apesar de ser um processo complexo e dispendioso, mas é fundamental para a sustentabilidade dos ecossistemas, a conservação da biodiversidade e a segurança dos povos indígenas e das comunidades.

CONCLUSÕES

Os ecossistemas florestais estão envolvidos na luta contra as alterações climáticas. O Equador tem sofrido um processo constante de desflorestação nas últimas três décadas, e as florestas da Amanzónia podem continuar a extinguir-se, como aconteceu noutras zonas. A perda de florestas significa para o país a perda de milhares de espécies endémicas de flora e fauna únicas no planeta, com repercussões ambientais, económicas, sociais e culturais. Face a esta realidade, o país está empenhado em reduzir os níveis de desflorestação e degradação florestal e em promover sistemas de produção sustentáveis para aceder ao financiamento climático.

Neste sentido, a investigação procurou avaliar os fundos de financiamento do clima no âmbito da CQNUAC para o mecanismo REDD+. Em torno deste objetivo geral foram articulados três objectivos específicos que alimentaram o trabalho de investigação. Primeiro, foram identificadas as caraterísticas dos fundos climáticos que foram investidos no país no período 2017-2020. Em segundo lugar, procedeu-se à avaliação dos efeitos que os fundos do GCF e do GEF geraram nos projetos gerenciados pelo PROAmazonia. Para atingir esses objetivos, foram utilizadas informações da literatura acadêmica e documentação oficial do MAATE, GCF e GEF. Entrevistas com acadêmicos, especialistas ambientais e especialistas em financiamento climático foram uma fonte relevante para a análise das variáveis em estudo (taxa de desmatamento, participação *das partes interessadas* e posse da terra), bem como para determinar a extensão do investimento climático no cumprimento dos critérios 3E+. A partir dos resultados encontrados, foram traçadas algumas diretrizes para a gestão de políticas públicas de mitigação ambiental associadas ao REDD+. Com essa breve contextualização, são apresentados os principais resultados da pesquisa.

Após o término das atividades do PROAmazon, os resultados mostram que o financiamento climático não conseguiu reduzir a taxa de desmatamento, que é considerada uma das mais altas da América Latina. A média anual de desmatamento bruto (ha/ano) para o biênio 2016-2018 foi de 82,5 e para o biênio 2020-2022 foi de 95,5, ou seja, houve um aumento de -0,66% para -0,78%. Isso é consequência de fatores como as atividades extrativistas de petróleo, mineração, madeira, agricultura intensiva, pecuária, entre outros.

A participação dos povos e comunidades indígenas, enquanto actores que vivem nas florestas e delas dependem, tem sido subestimada. Idealmente, estes fundos deveriam ser atribuídos aos povos e comunidades indígenas que conservam a floresta e cujos direitos, embora já conservados, não são reconhecidos. O gasto de milhões de dólares em consultorias que preparam metodologias e em ONGs conservacionistas que implementam intrincados planos REDD+, iniciativas-piloto e projectos-modelo, enquanto outros se encarregam de certificar as candidaturas dos primeiros consultores, deve ser reduzido. É preciso gerar a participação ativa dos povos indígenas e das comunidades e construir diálogos com técnicos e executores, o que exige um esforço conjunto para potencializar e fortalecer essas atividades.

No âmbito dos fundos climáticos, não foi afetado qualquer orçamento para a clarificação da propriedade da terra. O mecanismo promove o investimento e a gestão das florestas em zonas saudáveis e afastadas dos centros urbanos. A falta de segurança jurídica da posse é um dos principais obstáculos ao investimento; por conseguinte, a clarificação e a garantia dos direitos de posse é o primeiro passo no processo de preparação para o REDD+.

Na gestão dos projectos no país, verificou-se uma série de actividades de adaptação causadas por um conjunto de medidas em que a condicionalidade dificultou o trabalho, conduzindo a atrasos e a um progresso lento dos projectos.

Por último, a aplicação do financiamento climático não alcançou os resultados esperados e foi ineficaz, ineficiente e injusta. A instabilidade política teve um impacto nas áreas de intervenção dos projectos, gerou acções lentas por parte de certos actores e não existem orientações claras para a execução das acções necessárias no âmbito das suas competências e linhas de trabalho específicas. Embora se tenham registado alguns progressos, há ainda muito a fazer para identificar as prioridades e os interesses locais que estejam em conformidade com os objectivos nacionais.

BIBLIOGRAFIA

Angelsen, Arild, e Arun Agrawal. 2009. *"Using community forest management to achieve REDD+ goals."* Realising REDD+: national strategy and policy options (1): 201-212.

ALDEA. 2019. "REDD+ e povos indígenas na América Latina". *Associação Latino-Americana para o Desenvolvimento Alternativo.* 16 de janeiro de 2023. http://www.fundacionaldea.org/noticias-aldea/felr836j7b9g43r5a9edtajnr7hw87.

Angelsen, Arild, Christopher Martius, Veronique De Sy, Amy Duchelle, Anne Larson e Thu Thuy Pham. 2019. "REDD+ entra na sua segunda década". Em *REDD+: Transformation Lessons and New Diretions*, por Arild Angelsen, Christopher Martius, Veronique De Sy, Amy E Duchelle, Anne M Larson e Thu Thuy Pham, 1-14. Bogor-Indonésia: CIFOR.

Angelsen, Arild, Erlend Hermansen, Raoni Rajão, e Richard Van der Hoff. 2019a. "Payment for results Who should be paid and in return for what?". Em *REDD+: Transforming Lessons and New Diretions*, por Arild Angelsen, Christopher Martius, Veronique De Sy, Amy E Duchelle, Anne M Larson e Thu Thuy Pham, 45-60. Bogor-Indonésia: CIFOR.

Angelsen, Arild, Maria Brockhaus, Amy E. Duchelle, Anne M. Larson, Christopher Martius, William D. Sunderlin, Louis V. Verchot, Grace Wong e Sven Wunder. 2017. "Aprendendo com o REDD+: uma resposta a Fletcher et al.". *Conservation Biology 31,* (3): 718-20.

Angelsen, Arild, Maria Brockhaus, William Sunderlin e Lee Verchot. 2013. *"Análise REDD+: Desafios e Opções."* Bogor-Indonésia: CIFOR.

Angelsen, Arild, Markku Kanninen, Maria Brockhaus, William D. Sunderlin, Sheila Wertz-Kanounnikoff e Erin Sills. 2010. "REDD+: Do global ao nacional". Em *Implementing REDD+: National Strategy and Policy Options,* por Arild Angelsen, Maria Brockhaus, Sheila Wertz-Kanounnikoff, Erin Sills, William D. Sunderlin e Markku Kanninen. Bogor-Indonésia: CIFOR.

Angelsen, Arild, e Sheila Wertz-Kanounnikoff. 2009. "What are the key issues in REDD design and what are the criteria for assessing the options? Em *Moving Forward with REDD Issues, Options and Implications*, de Arild Angelsen: 11-22. Indonésia: CIFOR.

Angelsen. Arild. *2017a . "REDD+ como ajuda baseada em resultados: lições gerais e acordos bilaterais da Noruega". Revista de Economia do Desenvolvimento 21 (2): 237-64.*

Atmadja, Stibniati, e Louis Verchot. 2012. *"A review of the state of research, policies and strategies in addressing leakage from reducing emissions from deforestation and forest degradation (REDD+)."* Mitigation and Adaptation Strategies for Global Change 17, no. (3): 311-36.

Banco Mundial. 2021a. *"Índice de Gini - Equador".* Acessado em 4 de junho de 2021. https://www.ecuadorencifras.gob.ec/documentos/web-.inec/POBREZA/2021/June-2021/202106_PovertyandInequality.pdf (último acesso: dezembro de 2022).

Barba-Romero, Sergio, e Jean Charles Pomerol. 1997. *"Decisões Multicritério. Fundamentos teóricos e utilização prática"*. Servicio Publicaciones Universidad de Alcalá. Alcalá de Henares, Espanha: 420.

Bayrak, Mucahid Mustafa, e Lawal Mohammed Marafa. 2016. "Ten Years of REDD+: A Critical Review of the Impact of REDD+ on ForestDependent Communities." *Sustainability 8,* (7): 620.

Berruezo, Javier Aldaz e Julio Díaz. 2017. *"Situação da Convenção-Quadro das Nações Unidas sobre Alterações Climáticas.* Resumo das cimeiras COP21 de Paris e COP22 de Marraquexe". *Journal of Environmental Health 17* (1): 34-39.

Biondi, Pedro. 2020. *"Novo briefing explica os fundamentos do REDD+ e por que ele é tão controverso"*. Global Forest Coalition, (6): 1-8.

Bird, Neil, Charlene Watson e Liane Schalatek. 2017. *"A arquitetura global do financiamento do clima. Informação de base sobre o financiamento do clima"*. Atualização dos Fundos Climáticos.

Blobel, Daniel, Nils Meyer-Ohlendorf, Carmen Schlosser-Allera e Penny Steel. 2006. *"United Nations Framework Convention on Climate Change: Handbook"*. Convenção-Quadro das Nações Unidas sobre Alterações Climáticas.

Assuntos Intergovernamentais e Jurídicos do Secretariado para as Alterações Climáticas.

Buchner, Barbara, Alex Clark, Angela Falconer, Rob Macquarie, Chavi Meattle e Cooper Wetherbee. 2021. "*Global Landscape of Climate Finance 2021"*. Climate Policy Initiative (9): 45-52.

Cabello, Johanna. 2014. "*Mascarando a destruição: REDD+ na Amazônia peruana". Movimento Mundial pelas Florestas Tropicais, (5): 317.*

Cabral e Bowling, Roberto. 2014. *"Fontes de financiamento para as mudanças climáticas".* Série Financiamento para o Desenvolvimento da CEPAL, (254): 36-49.

Clary, E. Gil, e Mark Snyder. 2002. *"Community involvement: Opportunities and challenges in socializing adults to participate in society."* Journal of Social Issues 58, (3): 581-591.

Carrere, Ricardo. 2012. *"Uma visão crítica do REDD".* Revista Semillas. Movimento Mundial pelas Florestas Tropicais, (46): 5-18.

Castellano, Eliseo. 2010. *"Sobre REDD+ e o programa Socio Bosque".* Acción Ecológica.

CEPAL. 1989. *"Glossário de termos relacionados com a gestão da dívida externa".* Comissão Económica para a América Latina e as Caraíbas, (49): 1-17.

Chacón-Cascante, Adriana, Juan Robalino, Brenes Muñoz, e Maryanne Grieg-Gran. 2011. *"Redução de Emissões devido à Redução de Desflorestação e Degradação Florestal (REDD e REDD+)".* Instrument Mixes for Biodiversity Policies. Relatório POLICYMIX 2, (2): 145-161.

Chhatre, Ashwini, Shikha Lakhanpal, Anne M. Larson, Fred Nelson, Hemant Ojha e Jagdeesh Rao. 2012. "*Social safeguards and cobenefits in REDD+: a review of the adjacent possible.*" Environmental Sustainability 4, (6): 654-60.

UNFCCC. 1992. *"O que é a Convenção-Quadro das Nações Unidas sobre Alterações Climáticas"*. 2012. https://unfccc.int/es/process-and-meetings/the- Acedido em 5 de dezembro de 2020. convention/what-is-the-united-united-nations-framework-convention-on-climate-change.

clima.

. Convenção-Quadro das Nações Unidas sobre Alterações Climáticas. 2013. *"Mecanismo de Parceria para o Carbono Florestal (FCPF)"*. Acedido em 2 de dezembro de 2020. https://unfccc.int/sites/default/files/redd_20130228_fcpf_update_s p_ feb_2013_f inal.pdf.

. Convenção-Quadro das Nações Unidas sobre as Alterações Climáticas. 2014a. "*Quadro de Varsóvia para REDD-plus*". Acedido em 10 de dezembro de 2020. https://unfccc.int/topics/land-

.

use/resources/warsaw-framework-for-redd-plus.

. Convenção-Quadro das Nações Unidas sobre as Alterações Climáticas. 2021. *"Processo de alterações climáticas da ONU intensifica ação contra a desflorestação"*. Acedido em 26 de abril. https://unfccc.int/es/news/el-proceso-de- climate-change-at- the-UN.

não intensifica a ação contra a desflorestação

Dawson, Neil M., Michael Mason, David Mujasi Mwayafu, Hari Dhungana, Poshendra Satyal, Janet A. Fisher, Mark Zeitoun, e Heike Schroeder. 2018. *"Barreiras à equidade no REDD+: Deficiências nos processos de interpretação nacional limitam a adaptação ao contexto."* Environmental science & policy 88: 1-9.

Dewan, Angela. *"The Grand Challenge of REDD+: Clarifying Forest Land Rights"*. Centro de Pesquisa Florestal Internacional (CIFOR), 2011.

Di Gregorio, Monica, Maria Brockhaus, Tim Cronin, e Efrain Muharrom. 2013. *"Implementing REDD+: Politics and Power in National REDD+ Policy Processes."* Em *REDD+ Analysis: Challenges and Options,* editado por Arild Angelsen, Maria Brockhaus, William Sunderlin, L Verchot. Bogor: CIFOR.

Duveiller, Gregory, Josh Hooker e Alessandro Cescatti. 2018. "*A marca da mudança de vegetação no balanço de energia da superfície da Terra"*. Comunicações da natureza 9, (1): 1-12.

Ece, Melis, James Murombedzi e Jesse Ribot. 2017. *"Desempoderamento da democracia: representação local na comunidade e silvicultura de carbono em África"*. Conservação e Sociedade 15, (4): 357-370.

Fagua, Camilo J., Jacopo A. Baggio, e R. Douglas Ramsey. 2019. *"Fatores determinantes das mudanças na cobertura florestal na Ecorregião Global Chocó-Darien da América do Sul"*. Ecosphere 10, (3): 5-38.

FAO. 2016. *"Tenure and REDD+: Developing Enabling Tenure Conditions for REDD+."* UN-REDD Policy Bulletin (6), Rothea, Ann-Kristin & Munro-Faure, Paul. Roma.

. 2015. *"Trabalho da Avaliação dos Recursos Florestais. Termos e definições"*. Roma (180).

. 2020. *"O Estado das Florestas do Mundo. Florestas, Biodiversidade e Pessoas"".* Roma: FAO.

. 2020a. *"Avaliação global dos recursos florestais 2020. Principais conclusões"*. Roma.

. 2003. *"A posse da terra e o desenvolvimento rural. Estudos sobre a posse da terra 3"".* Roma-Itália.

. 2003a. *"Forests, the Global Carbon Cycle and Climate Change".* Actas do XII Congresso Florestal Mundial.

. 2016. *"Tenure and REDD+: Developing Enabling Tenure Conditions for REDD+"*. UN-REDD Policy Bulletin (6), Rothea, Ann-Kristin & Munro-Faure, Paul. Roma.

. 2015. *"Trabalho da Avaliação dos Recursos Florestais. Termos e definições".* Roma (180).

Fariborz, Zelli, Tobias Nielsen e Wilhelm Dubber. 2019. *"Vendo a floresta para as árvores: identificando a convergência discursiva e a dominância na complexa governança do REDD +"*. Ecologia e Sociedade 24 (1).

Fernandez, Raúl. 2015. *"Projetos REDD + e como eles prejudicam a agricultura camponesa e soluções reais para lidar com as mudanças climáticas"*. Movimento Mundial pelas Florestas Tropicais (244).

Fry, Ian. 2008. *"Reducing emissions from deforestation and forest degradation: opportunities and pitfalls in developing a new legal regime"*. Review of European Community & International Environmental Law 17 (2): 166-82.

GCF. 2020. *"Priming Financial and Land Use Planning Instruments to Reduce Emissions from Deforestation".* Em *Interim Evaluation,* editado por Javier Jahnsen, Fernanda Salinas e Adriana Bustillo. Quito: GCF.

. 2020a. *"Priming Financial and Land Use Planning Instruments to Reduce Emissions from Deforestation"*. Em *Interim Evaluation,* editado por Javier Jahnsen, Fernanda Salinas e Adriana Bustillo. Quito: GCF.

. 2019. *"Programa das Nações Unidas para o Desenvolvimento PAÍS: Equador DOCUMENTO DE PROJECTO"*. Gestão integrada de paisagens de uso múltiplo e alto valor de conservação para o desenvolvimento sustentável da região amazónica equatoriana.

. 2018a. *"GCF in Brief: REDD+"*. 5 de maio. https://www.greenclimate.fund/sites/default/files/document/gcf-brief- redd_0.pdf.

GEF. 2020a. *"Desenvolvimento sustentável da Amazónia equatoriana: gestão integrada de paisagens de utilização múltipla e florestas de conservação de elevado valor". Revisão intercalar.*

. 2019. *"Programa das Nações Unidas para o Desenvolvimento PAÍS: Equador DOCUMENTO DE PROJECTO.* Gestão integrada de paisagens de uso múltiplo e alto valor de conservação para o desenvolvimento sustentável da região amazónica equatoriana.

Gonzáles, Javier Dávalos. 2011. "El convenio del Progama Socio Bosque y las comunidades indígenas en Ecuador". *Amazon Watch* (19).

González, Humberto, Antonio Brenes. 2020. "*A curva de Lorenz e o coeficiente de Gini como medidas de desigualdade de renda*". REICE: Revista Eletrónica de Investigación en Ciencias

Económicas 8 (15): 104-25.

Granda, María J., e Patricio Yánez M. 2017. *"Estudo sobre a perceção dos benefícios do programa de lazer florestal na região amazônica equatoriana"*. La Granja: Revista de Ciencias de la Vida Vol 26 (2): 28-37.

Griscom, Bronson W, Justin Adams, Peter W. Ellis, Richard A. Houghton, Guy Lomax, Daniela A. Miteva, William H. Schlesinger et al. 2017. "Soluções climáticas naturais". *Actas da Academia Nacional de Ciências* 114 (44): 11645-650.

Guedez, Pierre Yves, e Bruno Guay. 2018. *"Ecuador's Pioneering Leadership on REDD+; A Look Back at UN-REDD Support Over the Last 10 Years."* Acedido em 17 de setembro. https://www.un-redd.org/post/2018/09/04/ecuadors- pioneering-leadership-on-redda- look-back-at-un-redd-support-over-the-last-10- years.

Guzmán, Sandra, Mariana Castillo e Alin Moncada. 2017. *"Financiamento de esforços contra as mudanças climáticas na América Latina"*. Política, Globalidade e Cidadania (6): 65-98.

Guzmán, Sandra. 2021. *"O financiamento climático é uma parte fundamental das negociações da COP26"*. O financiamento internacional é vital para garantir o cumprimento dos objectivos climáticos. Acedido em 6 de dezembro de 2021. https://redaccion.lamula.pe/2021/11/09/sandra-guzman-el-climate-finance-is-key-piece-of-the-negotiations-at-COP26/albertoniquen/.

Hayes, Tanya, Felipe Murtinho e Wolff Hendrik. 2017. "O impacto dos pagamentos por serviços ambientais em terras comunais: uma análise dos factores que determinam o comportamento do uso da terra pelos agregados familiares no Equador." *World Development* 93 (4): 427-46.

Herrán, Claudia. 2012. *"Programa UN-REDD: A contribuição dos países em desenvolvimento para travar as alterações climáticas".* Friedrich Ebert Stiftung (162): 1-7.

Hirsch, Thomas. 2018. *"Rumo a uma implementação ambiciosa do Acordo de Paris".* ACT Alliance 150: 3-56.

. 2014. "REDD+ destaca problemas de posse, mas não os resolve". *Centro de Investigação Florestal Internacional, CIFOR.*

ICLEI. 2020. "Glossário *de Financiamento Climático".* Acedido em 6 de fevereiro de 2021. https://americadosul.iclei.org/wp-content/uploads/sites/78/2021/04/glossario-tap-en-v4.pdf

INEC. 2006. *"La pobalción indígena del Ecuador. Análisis de Estadísticas Socio- Demográficas". Chisaguano:* 26-68.

AIE. 2016. *"Agente operacional: Building Research Establishment, Garston.* Agência Internacional da Energia. Chave CO.

IPCC. 2013. *"Glossário. Alterações climáticas 2013. Physical Basis: Contribuição do Grupo de Trabalho I para o Quinto Relatório de Avaliação do Painel Intergovernamental sobre Alterações Climáticas".* Cambridge, Reino Unido e Nova Iorque: Cambridge University Press.

. 2014. *"Alterações climáticas 2014: Relatório de síntese. Contribuição dos Grupos de Trabalho I, II e III para o Quinto Relatório de Avaliação do Painel Intergovernamental sobre Alterações Climáticas".* Genebra.

Jones, Kelly W., Nicolle Etchart, Margaret Holland, Lisa Naughton-Treves e Rodrigo Arriagada. 2020. "*O impacto do pagamento pela conservação da floresta na perceção da segurança da posse no Equador*." Conservation Letters 13 (4): 68-89.

Kambire, Hermann, Ida Nadia Djenontin, Augustin Kaboré, Houria Djoudi, Michael Balinga, Mathurin Zida, Samuel Assembe-Mvondo e Maria Brockhaus. 2016. *"Eficiência do REDD+, sua eficácia e equidade[1]"*. Em The Context of REDD+ and adaptation to climate change in Burkina Faso: Drivers, agents and institutions, por Hermann Kambire, Ida Nadia Djenontin, Augustin Kaboré e Houria Djoudi. Centro de Investigação Florestal Internacional 7.

Kill, Jutta. 2017. *"De projectos REDD+ a REDD+ jurisdicional: mais más notícias para o clima e as comunidades"."* Movimento Mundial pelas Florestas Tropicais (231): 77-98.

. 2014. *"O novo movimento REDD: das florestas às paisagens mais do mesmo, mas maior e com riscos mais elevados*". Movimento Mundial pelas Florestas Tropicais (204): 3- 16.

Larrea, C, S Latorre, e R Burbano. 2017. *"Análisis multicriterial sobre alternativas para el desarrollo en la Amazonia en ¿Está agotado el periodo petrolero en Ecuador?*". Quito: Ediciones La tierra. Universidad Andina Simón Bolívar.

Leonard, Stephen, e Christopher Martius. 2021. *"Uma análise atual dos pagamentos de desempenho REDD+ do Fundo Verde para o Clima. Sugestões para um sistema que pague por reduções de emissões que sejam reais e permanentes*." Centro de Pesquisa Florestal Internacional, CIFOR.

León Paz, Julio Ramiro, e Rivera Amanda. 2020. "*Posse ilegal e desigualdade na distribuição de terras no Equador como condições de vulnerabilidade"*. Geopauta, 4 (1): 34-48.

Lohmann, Larry. 2020. *"O Fundo Verde para o Clima (GCF) deve dizer Não a mais pedidos de financiamento de REDD+. mais pedidos de financiamento de REDD+"*. Movimento Mundial pelas Florestas Tropicais.

Lorenzo, Cristian. 2016. "*O Fundo Global para o Meio Ambiente (GEF) como ator político-ambiental na América Latina"*. Instituto IDICSO de Investigação em Ciências Sociais (6): 14-24.

Lovejoy, Thomas, e Carlos Nobre. 2018. *"Ponto de inflexão da Amazónia"*. Advances Science 4: 47-78.

Lovera-Bilderbeek, Simone. 2019. "REDD+ e o Fundo Verde para o Clima: os piores receios confirmados". *Global Forest Coalition* (17):79-199.

Macchi, Mirjam, Gonzalo Oviedo, Sarah Gotheil, Katherine Cross, Aghi Boedhihartono, Caterina Wolfangel e Matthew Howell. 2008. "Indigenous and Traditional Peoples and Climate Change" [Populações Indígenas e Tradicionais e Alterações Climáticas]. *União Internacional para a Conservação da Natureza.*

Matta, Jagannadha Rao, e Laura Schweitzer Meins. 2012. "Revista internacional de silvicultura e indústrias florestais". *Revista internacional de silvicultura e indústrias florestais. Unasylva* 63, (239): 2-79.

Ministério do Meio Ambiente. 2017a. "*Deforestación Del Ecuador Continental Periodo 2014-2016"*. 04 de julho.

http://190.152.46.74/documents/10179/1149768/DEFORESTACION _ECUADOR_CONTINENTAL_21%204_2016.pdf/8f5a1064-4aa7- 47b0-80a0-3a54bbbb9fae . 2019. "Projeto Socio Bosque". Acedido em 17 de maio de 2021. https://www.ambiente.gob.ec/wp-content/uploads/downloads/2020/07/12.SOCIO_BOSQUE.pdf.

. 2019a. "Florestas para o Bem Viver - REDD+ Equador". Segundo resumo de informações sobre como abordar e respeitar as salvaguardas para REDD+ no Equador.

. 2019b. "Primeira Contribuição Determinada a Nível Nacional para o Acordo de Paris no âmbito da Convenção-Quadro das Nações Unidas sobre Alterações Climáticas". Quito-Equador: 4-50.

. 2019c. *"Plano de Ação REDD+"* Acesso em 8 de março. http://reddecuador.ambiente.gob.ec/redd/plan-de-accion-redd/.

. 2020. *"Desmatamento e Regeneração a Nível Provincial para o Período 2016-2018 do Equador Continental. Mapa Ambiental Interativo. Sistema Único de Indicadores Ambientais. SUIA".* Acessado em 6 de maio. http://ide.ambiente.gob.ec/mapainteractivo/.

Desmatamento e regeneração no nível provincial para o período 2016-2018 no Equador continental. Mapa ambiental interativo. Sistema Único de Indicadores Ambientais. SUIA". Acessado em 6 de maio. http://ide.ambiente.gob.ec/mapainteractivo/.

. 2022. *"Desmatamento e Regeneração a Nível Provincial para o Período 2016-2018 do Equador Continental. Mapa Ambiental Interativo. Sistema Único de Indicadores Ambientais. SUIA*". Acedido em 19 de abril.

http://ide.ambiente.gob.ec/mapainteractivo/.

. 2023. *"Equador promove a conservação das florestas através Mesa Redonda REDD+"*. Acedido em 1 de maio.

https://www.ambiente.gob.ec/ecuador-promueve-la-conservacion- de-los-bosques-a-traves-de-la-mesa-redd/

Molina, Mario, Julia Carabias e José Sarukhán. 2017. *"Mudanças climáticas: causas, efeitos e soluções"*. México: Fondo de Cultura Económica.

Montaño, Doménica. 2021. *"Nuevo estudio: en los últimos 26 años Ecuador ha perdido más de 2 millones de hectáreas de bosque""*. Amazonia Socioambiental (18): 46- 72.

Montero, Maritza. 2002. *"Construcción del otro, liberación de sí mismo"*. Utopia y praxis latinoamericana: revista internacional de filosofia iberoamericana y teoría social (16): 41-52.

. 2004. "*Empowerment na comunidade, suas dificuldades e* alcance". Intervenção Psicossocial 13.1: 5-19.

. 2010. *"Fortalecimento da cidadania e transformação social: espaço de encontro entre a psicologia política e a psicologia comunitária"*. Psykhe (Santiago) 19.2: 51-63.

Moreano, Melissa. 2012. *"Socio Bosque e Capitalismo Verde"*. Línea de Fuego.

. 2014. "Dinheiro para Conservação: como funciona o Socio Bosque?". Terra Incognita (88): 31-5.

Muñoz, Magdalena. 2021. *"Mesa de Trabajo REDD+: 8 años en la preparación e implementación de REDD+ en Ecuador."* PROAmazonia. https://www.proamazonia.org/mesa-de-trabajo-redd- 8-anos-en-la-preparacion-e-implementacion- de-redd-en-ecuador/

Myers, Rodd, Anne M. Larson, Ashwin Ravikumar, Laura F. Kowler, Anastasia Yang e Tim Trench. 2018. *"Messiness of forest governance: how technical approaches suppress politics in REDD+ and conservation projects."* Global Environmental Change (50): 314-24.

Nações Unidas. 2015. "Acordo de Paris" Acedido em 5 de maio de 2021. https://unfccc.int/files/meetings/paris_nov_2015/application/pdf/pari s_agreement_spanish_.pdf

Naranjo, Alex. 2018. *"Equador: povos, comunidades e natureza em face do dendê"*. Word Rainforest Movement (240).

Nemirovsky, Yanina. 2019. *"Diga-me para onde vai o dinheiro e eu digo-lhe se vai cumprir os seus objectivos climáticos"*. Connectas (6): 3-9.

Nepstad, Daniel. Juan Pablo Ardila, María de los Ángeles Barrionuevo, Andrea Garzón, Juan Gabriel Rojas, Rafael Vargas, Jonah Busch, Eduardo Bedoya Garland e Tathiana Bezerra. 2019. *"Avaliação de impacto de políticas públicas voltadas para a redução do desmatamento e degradação e ações voltadas para o manejo florestal sustentável no Equador"*. (1): 15-233.

Norman, Marigold e Smita Nakhooda. 2015. *"The state of REDD+ finance""*. Documento de trabalho 378 do Centro para o Desenvolvimento Global.

OCDE. 2015. *"Climate Finance in 2013-14 and the USD 100 billion*

Goal". Organização para a Cooperação e Desenvolvimento Económico (OCDE) em colaboração com a Climate Policy Initiative (CPI).

OCDE. 2019. *"Financiar o futuro do clima: repensar as infra-estruturas"*. Banco Mundial Programa das Nações Unidas para o Ambiente 5.

Olca. 2015. *"Chamada à ação para rejeitar o REDD e as indústrias extrativas*. Observatório Latino-Americano de Conflitos Ambientais.

Olesen, Asger, Hannes Bottcher, Anne Siemons, Lara Herrmann, Christopher Martius, Rosa María Román Cuesta, Stibniati Atmadja et al. 2018. *"Study on EUfinancing of REDD+ related activities, and results-based payments pre and post 2020: Sources, costffectiveness and fair allocation of incentives"*. COWI.

Ordenavia, Noelia, Paola Bernal e Winnie Narváez. 2021. "Ilustrações do mecanismo REDD+. Desenvolvimento sustentável ou sustentação do modelo de desenvolvimento?". Edição de março (71): 19-31.

Overbeek, Winnie. 2020. *"Indonésia: REDD+, financiamento europeu do desenvolvimento e a 'economia de baixo carbono'."* Movimento Mundial pelas Florestas Tropicais (252): 39-106.

Paz Cardona, António José. 2019. *"Novo relatório revela que o norte do Chocó equatoriano perdeu 61% de suas florestas"*. Mongabay (31): 6-25.

. 2022. *"A Amazônia equatoriana perdeu mais de 623.000 hectares em duas décadas"*. Mongabay (17): 9-32

PNUD. 2012. *"Preparação para o financiamento do clima. A framework for understanding what it means to be ready to use climate finance"' PNUD*. Vandeweerd, Veerle, Yannick Glemarec e Simon Billett.

. 2019. *"Equador recebe 18,5 milhões de dólares por ter reduzido a sua desflorestação""* Acedido a 09 de julho. https://www.climateandforests- undp. org/node/5576

PNUA. 2018. *"Diário de Aprendizagem da Academia REDD+. Florestas e alterações climáticas"*. Nairobi-Kenya 6 (3).

. 2018a. "*Diário de Aprendizagem da Academia REDD+. Drivers of Deforestation and Degradation" (factores de desflorestação e degradação)"* Nairobi-Kenya 6 (3).

. 2018b. "*Diário de Aprendizagem da Academia REDD+. A Iniciativa REDD+ e a UNFCCC"*. Nairobi-Kenya 7 (3).

PROAmazônia. 2021. *"Mesa de Trabajo REDD+: 8 años en la preparación e implementación de REDD+ en Ecuador" (Grupo de Trabalho REDD+: 8 anos na preparação e implementação de REDD+ no Equador).* Acedido em 29 de março. https://www.proamazonia.org/mesa-de-trabajo-redd-8- anos-en-la-preparacion-e- implementacion-de- redd-en-ecuador/.

Mesa de Trabajo REDD+: 8 años en la preparación e implementación de REDD+ en Ecuador" (Grupo de Trabalho REDD+: 8 anos na preparação e implementação de REDD+ no Equador). Acedido em 29 de março. https://www.proamazonia.org/mesa-de-trabajo-redd-8-anos-en-la- preparacion-e-implementacion-de-redd-en-ecuador/.

. 2021b. "*O que é o PROAmazônia?""* Acessado em 5 de março.

https://www.proamazonia.org/en/inicio/que-es-proamazonia/.

. 2024. *"Relatório de Gestão do PROAmazônia""* Acessado em 17 de abril.https://info.undp. org/ docs/pdc/Documents/ECU/Annual%20Pro gress%20Project%20Report_2020.pdf.

Ramos, Tomás B, Inés Alves, Rui Subtil, e João Joanaz de Melo. 2007. "*Indicadores de política de desempenho ambiental para o sector público: O caso do sector da defesa*". Journal of Environmental management 82, (4): 410-432.

Ramírez, Alonso. 2016. *"REDD+ e a governação florestal da Costa Rica".* Estudos em Ecologia Política, Desenvolvimento e Mudança Social (61): 219.

Ramos, Tomás B, Inés Alves, Rui Subtil, e João Joanaz de Melo. 2007. *"Indicadores de política de desempenho ambiental para o sector público: O caso do sector da defesa".* Journal of Environmental management 82, (4): 410-432.

Romano, Antonio, Giuseppe Scandurra, Alfonso Carfora e Monica Ronghi. 2018. "*O financiamento climático como instrumento para promover o crescimento verde nos países em desenvolvimento*". Roma-Itália: Springer.

Romijn, Erika, Celso B. Lantican, Martin Herold, Erik Lindquist, Robert Ochieng, Arief Wijaya, Daniel Murdiyarso e Louis Verchot. 2015. *"Assessing change in national forest monitoring capacities of 99 tropical countries.*" Forest Ecology and Management 352: 109-23.

Ramos, Melissa. 2022. "*Um esforço coletivo para resolver o problema da terra no Equador".* International Land Coalition, (7), 3-10.

Ron, Santiago. 2020. "Regiões naturais do Equador". *BIOWEB.* Editado pela Pontificia Universidad Católica del Ecuador. Acedido em 17 de fevereiro de 2023. https://bioweb.bio/faunaweb/amphibiaweb/RegionesNaturales

Rudel, Thomas, Oliver Coomes, Emilio Moran, Frederic Achard, Arild Angelsen, Jianchu Xu e Eric Lambin. 2005. "*Forest transitions: towards a global understanding of land use change*". Global environmental change 15 (1).

Salvador, Desiré. 2021. *"A América Latina continua a depender de combustíveis fósseis para gerar renda".* Comunicar (71): 4-29.

Samaniego, José Luis, José Eduardo Alatorre, Orlando Reyes, Jimy Ferrer, Lina Muñoz e Laura Arpaia. 2019. *"Panorama das Contribuições Nacionalmente Determinadas na América Latina e nas Caraíbas, 2019: Progressos no cumprimento do Acordo de Paris"1"* (81): 28-51.

Sánchez, Euclides. 2000. *"Todos con la "esperanza": continuidad de la participación comunitaria".* Comissão de Estudos de Pós-graduação, Faculdade de Humanidades e Educação, Universidade Central da Venezuela.

Sean. 2013. *"Documento informativo do Fundo Verde para o Clima. Pré-Copa 19".* Regata.

Sierra, Rodrigo, Oscar Calva e Alejandra Guevara. 2021. *"Desmatamento no Equador, 1900-2018. Factores de promoção e tendências recentes*". Ministério do Meio Ambiente e Água do Equador, Ministério da Agricultura do Equador, no âmbito da implementação do Programa Integral Amazónico de Conservação Florestal e Produção Sustentável (18): 2-216.

Skutsch, Margaret e Esther Turnhout. 2018. "*Como o REDD+ está a atuar sobre as comunidades*". Forests 9, (10): 638.

Solís, Arturo. 2021. *"Os 10 países que mais poluem o planeta"*. Forbes (5): 1-14.

Springate-Baginski, Oliver, e Eva Wollenberg. 2010. *"REDD, governação florestal e meios de subsistência rurais: a agenda emergente*". CIFOR.

Stern, Nicholas, Siobhan Peters, Vicki Bakhshi, Alex Bowen, Catherine Cameron, Sebastian Catovsky e Diane Crane. 2006. *"Stern Review: The economics of climate change*". Cambridge: Cambridge University Press.

Streck, Charlotte. 2020. *"Quem é o dono do REDD+? Carbon Markets, Carbon Rights and Entitlements to REDD+ Finance*". Forests 11 (9): 959.

Suárez, Victoria. 2017. *"Comunidades, povos indígenas e decisores, actores-chave no Resumo da Informação do Grupo de Trabalho REDD+*". Programa UN-REDD.

Suárez, Victoria. 2017. *"Comunidades, povos indígenas e tomadores de decisão, atores-chave no Resumo das Informações da Mesa de Trabalho de REDD+."* Programa UN-REDD.

Sunderlin, William, Anne Larson, e Peter Cronkleton . 2010. *"Forest tenure rights and REDD+: From inertia to policy solutions."* Em Angelsen, Brockhaus; Kanninen, Markku; Sunderlin, William; Wertz-Kanounnikoff, Sheila, de The Implementation of REDD+

National Strategy and Policy Options. Indonésia: CIFOR (5): 124-90.

Sunderlin, William, Andini Desita Ekaputri, Erin O. Sills, Amy E. Duchelle, Demetrius Kweka, Rachael Diprose, Nike Doggart e outros. 2014. *"Insightsfrom 23 Subnational Initiatives in Six Countries. from The Challenge of Establishing REDD+ on the Ground."* CIFOR (104).

Sunderlin, William, e Stibniati Atmadja. 2009. *"O REDD+ é uma ideia cujo tempo chegou ou já passou*? Realising REDD: national strategy and policy options. Bogor: CIFOR.

Sweeney, Gareth, Rebecca Dobson, Krina Despota e Dieter Zinnbauer. 2011. "*Defining the Challenge: Threats to the Effectiveness of Climate Governance"*. Em Global Corruption Report: Climate Change, por Alyson Warhurst Maplecroft. Londres: Earthscan (62): 11-29.

Takaki, Francisco Takaki. 2010. *"Informações básicas para o Construção da Taxa de Desflorestação*". Direção Geral de Geografia. Instituto Nacional de Estatística e Geografia. México.

Ulloa, Astrid. 2013. *"Controlando a natureza: ambientalismo transnacional e negociações locais em torno das mudanças climáticas em territórios indígenas na Colômbia*". Iberoamericana: 117-33.

Ulloa, Janette, e Rodrigo Sierra. 2019. *"Avaliação preliminar das lacunas de gestão do desmatamento no Equador no início da década de 2020"*. PROAmazonia - PNUD 25.

Vásquez, Edwin. 2013. *"Pueblos Amazónicos expusieron visión propia sobre REDD+ en Foro Permanente".* SERVINDI. Comunicação intercultural para um mundo mais humano e diverso.

Vatn, Arild, e Pál Vedeld. 2011. *"Getting Ready: A Study of National Governance Structures for REDD+".* Relatório Noragric 59.

Vegar, Bárd, Pablo Gutman, Charlie Parker e Kristina Van Dexter. 2013. *"Guia do WWF para a construção de estratégias de REDD+. Recursos e ferramentas para praticantes globais de REDD+."* Programa de Florestas e Clima do WWF.

Vijge, Marjanneke J, Maria Brockhaus, Monica Di Gregorio, e Efrian Muharrom. 2016. *"Framing national REDD+ benefits, monitoring, governance and finance: A comparative analysis of seven countries."* Global Environmental Change (39): 57-68.

Warmikuna, Samanta. 2016. *"Documento de Trabalho sobre a Nação Sapara, sua história e um genocídio em formação".* Ação Ecológica.

Watson, Charlene e Liane Schalatek. 2019. *"Panorama Temático sobre o Financiamento do Clima: Financiamento para REDD+. Informação de base sobre financiamento climático"*. Atualização dos Fundos Climáticos (5): 1-5.

. 2021. *"Visão geral regional do financiamento climático: América Latina".* Atualização dos Fundos Climáticos. Heinrich Bull Stiftung - ODI América do Norte.

Watson, Charlene, Liane Schalatek e Aurélien Evéquoz. 2022. *"Relatório Regional de Financiamento Climático: América Latina"*. Atualização dos Fundos Climáticos (6): 1-7.

Wong, Grace Yee, Cecilia Luttrell, Lasse Loft, Anastasia Yang, Thuy

Thu Pham, Daisuke Naito, Samuel Assembe-Mvondo e Maria Brockhaus. 2019. *"'Narrativas na partilha de benefícios REDD+: Examinando evidências dentro e fora do sector florestal."* Climate Policy 19, (8): 1038-1051.

Xu, Xibao, Guishan Yang, Yan Tan, Qianlai Zhuang, Xuguang Tang, Kaiyan Zhao e Sirui Wang. 2017. *"Factores que influenciam as emissões industriais de carbono e estratégias para a mitigação do carbono no Delta do Rio Yangtze da China."* Journal of cleaner production (142): 360716.

Zürn, Michael. 2018. *"Uma teoria da governação global: autoridade, legitimidade e contestação"*. Oxford University Press.

Zúñiga, Nieves. 2022. *"Equador - Contexto e Governação da Terra". Instituto* de Altos Estudios Nacionales - Terra (15): 7-13.

Anexos

Anexo 1: Lista dos entrevistados

1. **Arild Angelsen** - Investigador e autor de trabalhos sobre REDD+ Professor de Economia na Universidade Norueguesa de Ciências da Vida (NMBU), Associado Sénior no CIFOR, Coordenador Global da Rede de Pobreza e Ambiente (PEN), Investigador e autor de vários trabalhos. Desde 2007, tem centrado a sua investigação no REDD+: arquitetura global (em particular, níveis de referência nacionais), estratégias e políticas nacionais e conceção e avaliação de projectos locais.

2. **Carolina Rosero** - Conservation International
Diretor de Política Ambiental, Conservation International

3. **Cristina García Soto** - WWF
Ponto Focal REDD+ na Subsecretaria de Mudanças Climáticas do Ministério do Meio Ambiente
Atualmente: Oficial de Programa para Florestas e Água na WWF

4. **David Romo Vallejo** - Universidad San Francisco de Quito Diretor do Programa de Diversidade Étnica
Membro da Mesa de Trabalho REDD+ na segunda e terceira fases.

5. **David Yedra** - GAD Provincial de Pastaza
Diretor de Gestão Ambiental do GAD de Pastaza

6. **Duval Llaguno Ribadeneira** - Especialista em Recursos Naturais do Banco Interamericano de Desenvolvimento, Banco Interamericano de Desenvolvimento

7. **Francisco Moscoso Silva** - PROAmazonia
Especialista Técnico em Monitorização e Acompanhamento de Medidas e Acções REDD+ Realizou a atualização da Estratégia Financeira do REDD+ AP.

8. **Jaime Toro** - Natureza e Cultura Internacional
Coordenador do Mosaico Pastaza

9. **Jessica Gallegos** - Ministério do Ambiente, da Água e da Transição Ecológica
Especialista em mitigação das alterações climáticas MAATE

10. **Manuel Shiguango** - CONFENIAE / UN REDD+
Técnico territorial

11. **Patricia Serrano Roca** - PROAmazonia
Gerente do Programa PROAmazônia no PNUD

Anexo 2: Organizações da Mesa de Trabalho

Setor 1	Sociedade civil
Academia	1. Universidade do Estado do Amazonas (UEA) 2. Universidade São Francisco de Quito (USFQ) 3. Pontifícia Universidade Católica do Equador (PUCE) 4. Universidade Técnica Particular de Loja (UTPL)
ONG Nacional	5. Comité Equatoriano de Defesa da Natureza e do Ambiente (Comité Ecuatoriano de Defensa de la Naturaleza y Medio Ambiente) 6. Conservação Internacional - CI 7. Grupo de trabalho nacional sobre certificação florestal voluntária no Equador (CEFOVE) 8. Fundação Heifer 9. Fundo Mundial para a - WWF 10. Fundação Altropic 11. Fundação Ceiba 12. Rede Internacional do Bambu e do Rattan - INBAR 13. Sociedade de Conservação da Vida Selvagem 14. Natureza e Cultura Internacional 15. Fundação Pachamama
Setor 2	Sociedade civil

Organizações de mulheres e de jovens	**16. Asociación de Mujeres Waorani de la Amazonia Ecuatoriana (AMWAE) (Associação de Mulheres Waorani da Amazónia Equatoriana)** **17. CONFENIAE (Comissão da Mulher e da Saúde, da Família e da Nutrição)** **18. Associação de Produtores La Chakra** **19. Rede de Jovens Ambientalistas do Sul do Equador Red JASE)**
Organizações de mulheres e de jovens	**20 Confederação das Nacionalidades Indígenas da Amazónia Equatoriana (CONFENIAE)** **5. Nação Orginária dos Quijos (NAOQUI)** **6. Federação Provincial da Nacionalidade Shuar de Zamora Chinchipe (FEPNASH-SCH)** **7. Associação de Centros Shuar de Santiago** **8. Associação das Mulheres Kichwa de Napo (AMUKINA)** **9. Fundação Shiwuar Sem Fronteiras (SFWF)**
Organizações indígenas na Serra	**16. Federação Interprovincial de Saraguros Indígenas (FIIS)** **17. Federação dos Centros Awá do Equador (FCAE)**

Montubio e as organizações camponesas	**20. Federação das Organizações Montubéricas do Equador (FEDOMEC)** **21. União Noroccidental de Organizações Camponesas e Populações de Pichincha (UNOCYPP)**
Comunidades **instalações**	**30. Rede de Organizações Sociais e Comunitárias para a Gestão da Água no Equador - ROSCGAE** **31. Rede de Comunidades Sócio-Boscas do Napo** **32. Asociación de Bosques y Páramos para la Vida Imbabura (Associação de Bosques e Páramos para a Vida Imbabura)** **33. Comunidade Shuar Yumisim - PSB**
Setor 3	**Setor privado**
Grémios **Nacional**	**34. Associação Equatoriana de Industriais da Madeira -** **AIMA**

Associações de pequenos	**35. Consorcio Cacao y Chocolate de Napo** **36. Associação Charolesa de Morona Santiago**
produtores	**10. Associação de Produtores Agro Artesanais Ecológicos - APECAP** **11. Federação de Pequenos Exportadores Agrícolas e Pecuários Orgânicos do Sul da Amazónia Equatoriana - APEOSAE** **12. Associação de Produtores - ASOSUMACO** **13. Unión de Productores Agropecuarios de Morona Santiago (União dos Produtores Agropecuários de Morona Santiago)**
Empresa Privado	**41. Canandé Verde**
Setor 4	**Grupos de convidados**

Projectos ou programas que implementam acções REDD+	18. **Mancomunidad Bosque Seco** 19. **Consórcio Público Bosque Petrificado Puyango** 20. **Consórcio GS Agroforestry Consortium San Pablo del Lago** 21. **Corporação da Feira da Loja**

Printed by Books on Demand GmbH, Norderstedt / Germany